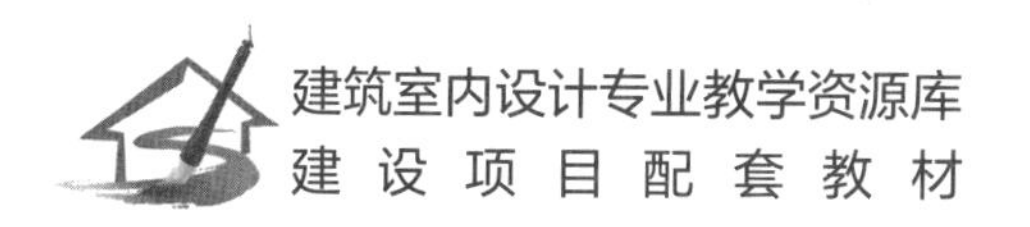

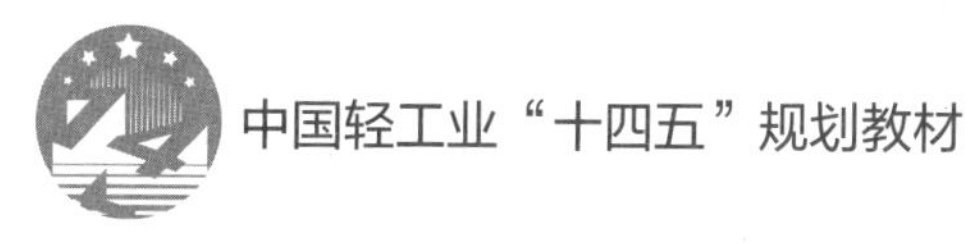

室内设计
谈单技巧与表达

（第二版）

主　编◎张付花
副主编◎孙克亮
参　编◎纪玉川　林路珍　王　斌
　　　　吴晋卿　陈　莉　赖水秀
　　　　毛柳青　曹永宏

中国轻工业出版社

图书在版编目（CIP）数据

室内设计谈单技巧与表达 / 张付花主编. —2 版. —北京：中国轻工业出版社，2024.8

ISBN 978-7-5184-3999-7

Ⅰ. ①室…　Ⅱ. ①张…　Ⅲ. ①室内装饰设计　Ⅳ. ①TU238

中国版本图书馆 CIP 数据核字（2022）第 089071 号

责任编辑：陈　萍　　责任终审：李建华　　整体设计：锋尚设计
策划编辑：陈　萍　　责任校对：宋绿叶　　责任监印：张　可

出版发行：中国轻工业出版社（北京鲁谷东街5号，邮编：100040）
印　　刷：三河市万龙印装有限公司
经　　销：各地新华书店
版　　次：2024年8月第2版第3次印刷
开　　本：787×1092　1/16　印张：9.5
字　　数：260千字
书　　号：ISBN 978-7-5184-3999-7　定价：45.00元
邮购电话：010-85119873
发行电话：010-85119832　010-85119912
网　　址：http://www.chlip.com.cn
Email：club@chlip.com.cn

241299J2C203ZBW

前言

室内设计谈单是室内设计师、室内设计营销人员的必备技能，在室内设计尤其是家装设计中具有非常重要的作用。室内设计谈单包含基本的谈单礼仪、谈单前的准备、客户分析、设计沟通、定金收取、合同签订、客户关系维护等多方面的内容。对于相关从业人员来说，掌握恰当的语言表达与谈单技巧至关重要。

《室内设计谈单技巧与表达》第一版教材以引导读者了解谈单的流程、技巧为主线，将设计与谈判技巧相融合，旨在发掘设计师的谈单潜能。在内容编排上既有系统的针对性，又有实用性，适合作为建筑室内设计专业、室内艺术设计专业、环境艺术专业营销类课程的教材或教学参考书，也可作为相关行业从业人员的自学读物。教材出版后，不仅在教学实践中取得显著效果，而且应用于众多建筑室内企业培训，并得到了众多好评。

随着形势发展，高等职业教育建筑室内设计专业教学改革面临着一些新情况、新问题。同时，随着谈单知识和技巧的更新、谈单形式的不断丰富，原有书籍知识需要更新，学习形式需要建设更为丰富的立体化资源。编写组深入企业走访调研，联合国内众多院校教师，在保持原有教材体例基础上，对第一版教材进行修订。

本书在第一版经验的基础上，以引导读者了解谈单的流程、技巧为主线，按照“必需、够用、兼顾发展”的原则，循序渐进地组织了室内设计师谈单礼仪、谈单前准备、客户分析与精准施策、谈单的关键步骤与销售技巧、客户关系维护与管理五大部分学习内容。此外，还穿插了国内知名装饰行业设计总监、主任设计师等对设计师职业形象、室内设计、谈单心得的理解，以期从不同角度给学生带来启发。

同时，为满足日新月异的教学需求，本书还配备了与教学内容有机结合的数字化资源——建筑室内设计专业国家教学资源库核心课程“谈单技巧与语言表达”（可扫码进入课程），形成了多维、立体、可视化的教材体系。教师在授课过程中，可通过引导学生利用配套的教学资源进行自主式探究学习，以激发学生的主观能动性；课后，教师可利用案例拓展延伸，切实贯彻“以学生为主体、以教师为主导、以能力为根本”的教育理念。

本书由江西环境工程职业学院张付花任主编、孙克亮任副主编，山东劳动职业技术学院纪玉川、江西环境工程职业学院林路珍、河南职业技术学院王斌、扬州技师学院吴晋卿、江西环境工程职业学院陈莉和赖水秀、湖北生态工程职业技术学院毛柳青、亚振家居股份有限公司工程师曹永宏任参编。其中，孙克亮、林路珍编写第一章；纪玉川、赖水秀编写第二章；孙克亮、王斌编写第三章；张付花、吴晋卿编写第四章；张付花、毛柳青编写第五章；曹永宏参与了教材框架的制定；陈莉完成了全书音频内容的录制；张付花、孙克亮负责全书的统稿、定稿。

在本书编写过程中，得到了北京国富纵横文化科技咨询股份有限公司、深圳市名雕装饰股份有限公司、广州华浔品味装饰泉州公司、深圳市居众装饰设计工程有限公司、赣州凡高一品装饰有限公司、晋江艺丰国际装饰工程有限公司、饰界（深圳）软装设计装饰工程有限公司、九艺三星装饰集团赣州公司的支持，在此表示衷心感谢。本书编写过程中参考了相关资料，在此一并感谢。由于编者水平有限，书中难免有不足之处，敬请有关专家、学者、一线教师和读者批评指正。以便在教学实践中或修订再版中加以修正。

张付花

2022年7月

于赣州

目录

01 第一章

室内设计师谈单礼仪

教学目标

知识目标

1 掌握室内设计师仪容仪表、仪态的正确要求及相关禁忌。

2 掌握室内设计师引荐礼仪、自我介绍礼仪、握手礼仪、问候礼仪、电话礼仪、接待礼仪的注意事项及具体要领。

能力目标

1 能初步树立室内设计师形象意识。

2 能有意识地提升室内设计师形象。

素质目标

1 具有良好的信息素养和学习能力，能够运用正确的方法和技巧掌握新知识、新技能。

2 具有独立思考和创新能力，能够掌握相关知识点并完成章节任务。

思政目标

1 具有积极践行社会主义核心价值观、主动弘扬中华文明礼仪、树立文明新风的意识，树立“不学礼，无以立”的价值准则。

2 坚持系统观点，善于观察、分析、解决问题。

思维导图

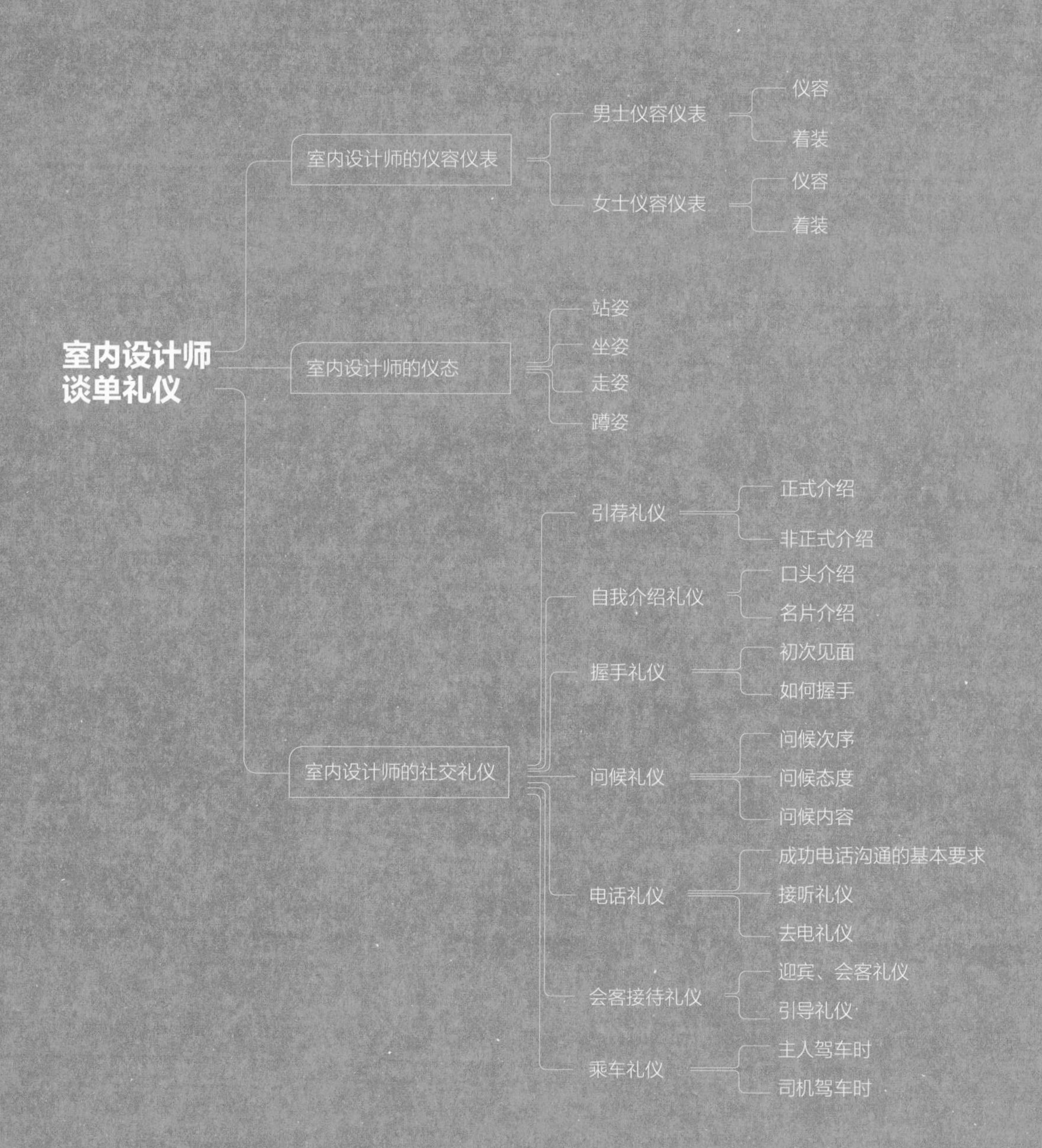

室内设计师谈单礼仪
室内设计师的仪容仪表
男士仪容仪表
仪容
着装
女士仪容仪表
仪容
着装
室内设计师的仪态
站姿
坐姿
走姿
蹲姿
室内设计师的社交礼仪
引荐礼仪
正式介绍
非正式介绍
自我介绍礼仪
口头介绍
名片介绍
握手礼仪
初次见面
如何握手
问候礼仪
问候次序
问候态度
问候内容
电话礼仪
成功电话沟通的基本要求
接听礼仪
去电礼仪
会客接待礼仪
迎宾、会客礼仪
引导礼仪
乘车礼仪
主人驾车时
司机驾车时

作为室内设计师，专业的职场礼仪、良好的职业形象、得体大方的言行举止是取得客户信赖的开始。

设计师礼仪构成要素包含：仪容仪表、姿势和体态、社交技巧、电话礼仪、会客接待等。

第一节

室内设计师的仪容仪表

他山之石

小王大学毕业后，在一家装修公司工作，工作没多久他便联系了一个意向较强的客户，约了客户吃饭，之前各种问题都基本沟通好，很有希望签合同。此次邀约是想跟客户建立进一步的客情关系。但是意外的是餐后客户对他的态度却明显冷淡，本来好好的，为什么突然之间就不合作了？原来是他在用餐的时候，不懂用餐礼仪，用餐的姿势也比较粗俗，结果给客户留下了非常不好的印象。因此，客户联想到：业务员连基本的社交礼仪都不懂，公司就派出来跑业务，这样的公司肯定不负责任。可见，用餐礼仪和适当的衣着是非常重要的，这些看似小的细节，却很可能是导致失败的直接原因。

20世纪70年代，美国洛杉矶大学心理学教授马瑞比恩博士得出如下结论：两个人相互之间给对方留下的印象55%取决于外表，38%取决于声音，只有7%取决于当时说话的内容和背景。设计师的个人形象不仅代表了自己，同时代表了企业及品牌形象。

不管是从这个结论来看，还是在我们现实生活当中，都应该认识到形象的重要性。尤其在现代社会中，人与人之间的交往短、平、快，很可能就是一面之缘决定了你是否有签下这份合同的希望。尽管得体的形象不一定是成功的保证，但不得体的形象注定会失败。

一、男士仪容仪表

（一）仪容

1. 面部应保证干净清爽

男士要注意洁面，保证面部清爽无油光，特别注意要净须，若有留胡须的习惯，应保证胡须不能过长、不杂乱，应干净有型。

2. 发型

男设计师发型一般以简约为主，达到“前不过眉，后不接领”的要求；个性化的设计师也要避免头发过长造成的掩面、邋遢感，最好能够以发胶或定型水固定，或者扎起来，发色不要过于夸张或异类。

（二）着装

男设计师服装以深色正装、套装为佳，配黑色皮鞋。若公司有统一工装，要求着工装套装。

1. 着装具体要求

（1）服装大小要合体，外套肩宽至少比实际肩宽宽2.5cm，扣子扣起来后，应保证可穿下一件衬衫或毛衣，外套袖长应该能让衬衫袖子露出1～1.5cm的长度，袖宽要保证在穿了衬衫或毛衣后还能有1～1.5cm的余量。

（2）衬衫肩线要平整，符合肩部轮廓，胸围不能过紧，一般穿着后要留1～1.5cm的空间。

（3）所有服装整体要保证平挺，无褶皱。

（4）服装要干净整洁，勤洗勤换，特别不能忽视领口、袖口处的整洁。

（5）鞋子、袜子、皮带、包颜色与服装色彩统一，最好都为黑色或深色。

（6）领带颜色、花型要与本人年龄和工作性质相符，避免过于夸张和花哨。

男士正确与不当着装对比如图1-1和图1-2所示。

2. 着装禁忌

（1）忌过于鲜艳着装，在正式场合着装色彩较为繁杂、过分鲜艳等问题。

（2）忌着装过于杂乱，不按照正式场合的规范化要求着装，容易使客户对企业的规范化程度产生疑虑。

（3）忌着装过于短小，室内设计师的着装不可过于短小。比如不可以穿短裤，非常重要

图1-1　男士正确着装示例

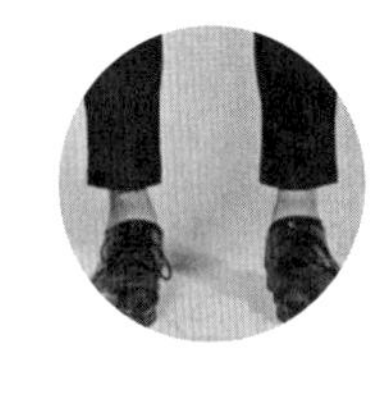

图1-2　男士不当着装示例

① 本章节摄影：胡家莹；模特：郑晓琪（男），李燕（女）。

的场合不允许穿短袖衬衫等。特别需要强调的是男士在正式场合身着短裤是非常不得体的。

二、女士仪容仪表

（一）仪容

女士除洁面和日常保养外，应施淡妆，涂口红。妆型色彩避免过于艳丽或夸张，眼影颜色以大地色为主，如浅咖色、亚光系列的淡彩眼影，口红色彩以珊瑚红为佳。女性一般以扎发和发髻为主，若留有长直发，长直发要挂于耳后，避免掩面，头发要清爽不油腻。

（二）着装

公司有统一工装者着工装套装，无统一工装着正装套装、套裙或有领有袖衬衫和西装裙或西裤，配黑色包脚高跟鞋或高跟凉鞋、黑色皮质平底鞋（平底鞋仅限带领顾客看工地、量房时穿着，平时洽谈或接待客户建议以高跟鞋为主）。

1. 着装具体要求

女士具体服装要求与男士着装要求前四点一致，以下仅作部分不同细节注意事项补充。

（1）女士着裙装时，裙长不能过短，应及膝，配合肤色丝袜为宜。

（2）女士配饰要色彩统一，如耳饰、项链、戒指或手链等色彩、材质统一。

（3）其他配饰，如胸针、头花、发夹等尽量保证品质，不能出现掉漆、褪色、缺少部件的情况。

（4）指甲不宜过长，不能有污垢；指甲做过保养的，要求指甲色彩不能过于夸张、艳丽，且不能出现指甲油剥落情况。

女士正确着装如图1-3所示，女士不当着装如图1-4所示。

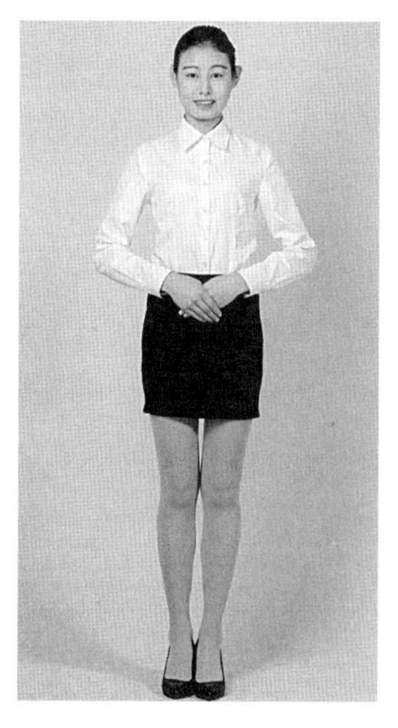

图1-3　女士正确着装示例

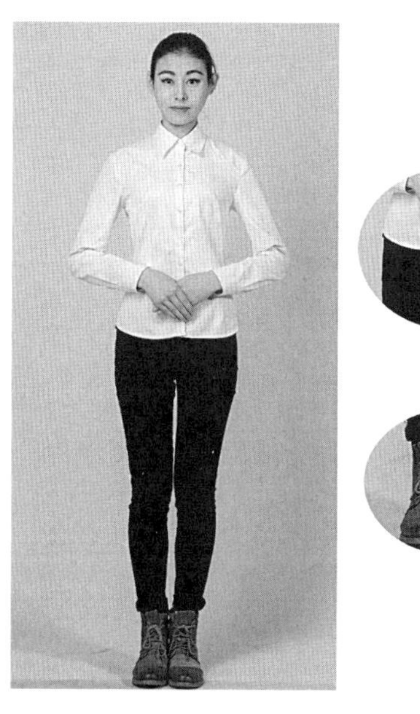

图1-4　女士不当着装示例

2. 着装禁忌

①不能过分暴露，职场女性尤其需要注意这一问题。

②服装不能过于紧身，所谓紧身，其标准是凡能特别凸显出人体敏感部位的服装都应视为紧身服装。

设计师说

设计师要注意穿着打扮要跟自己的气质吻合；正常工作时间以带领子的长衣和长裤搭配为佳，见客户不宜打扮得过于花哨，女设计师可以尝试化淡妆，可增加自信；多准备几双鞋子，随时更换，时刻保持干净，即使从工地回来也要及时处理干净。很多设计师都喜欢一身黑色，其实也不必强求，最重要的还是根据个人身材、气质、风格特点等寻找符合自我定位的创意搭配。另外，也可以多观察与自己体态、肤色差不多的设计师的穿着打扮，也许会有一定启发。

知识训练营

案例分析：

某天，某公司行政办公室的门被一位不速之客推开了，工作人员李小姐抬头一看，迎面而来的是一位戴墨镜的年轻男士，于是她狐疑地问：“请问您是……？”

这位男士没有摘下墨镜，而是从口袋里掏出一张名片，递给李小姐，并说：“我是××银行的，专门负责这一带的信用卡办理业务。”李小姐双手接过名片后问道：“请问您有预约吗？”对方不回答，却直接问道：“你们需要办理信用卡吗？现在办理有纪念品赠送。”

李小姐和公司几个同事近期正好打算办理信用卡，但她抬头看了看对方的形象，却让她打心底里反感，便说：“对不起，我们不需要。”说着就要关门。而这位男士动作却很敏捷，已将一只脚迈向门内，一副极不礼貌的样子，说道：“看你们打扮得都这么漂亮，生活上应该也有很多花销，要买衣服、鞋子、包包，要花很多钱，倒不如你现在就办张信用卡。”李小姐越听越生气，直接把年轻男子赶了出去。

1. 请指出这位男士在言行举止方面有哪些不符合礼节？

2．从设计师职业形象角度看，你还知道哪些仪容仪表要求？

____

____

____

3．请结合所学专业和自身条件，讨论该如何着装更得体。

____

____

____

第二节

室内设计师的仪态

他山之石

“站如松，坐如钟，走如风，卧如弓”，是中国传统礼仪的要求，在当今社会中已被赋予更丰富的含义。随着与客户交往的深入，室内设计师要学会用兼收并蓄之心去读懂客户的仪态，更要学会通过仪态去表达自我。

仪态也叫仪姿、姿态，泛指人们身体所呈现出的各种姿态，包括举止动作、神态表情和相对静止的体态。人们的面部表情、体态变化，行、走、站、立，举手投足都可以表达思想感情。仪态是表现个人涵养的一面镜子，也是构成一个人外在美好的重要因素。不同的仪态显示人们不同的精神状态和文化素养，传递不同的信息，因此，仪态又被称为体态语。本节主要讲解站姿、坐姿、走姿、蹲姿四个方面。

一、站姿

站姿要求挺拔。头部与颈部直立，脖子不能往前伸，下颌微微往下收；肩部平直打开，腰部直立，膝盖不能弯曲。男士两脚打开与肩同宽或两脚跟并拢，脚尖打开呈15°～30°；女士双腿并拢脚尖朝前或两腿并拢两脚尖打开呈15°～30°，也可采取丁字步直立；双手叠放于小腹前。正确站姿如图1-5所示。

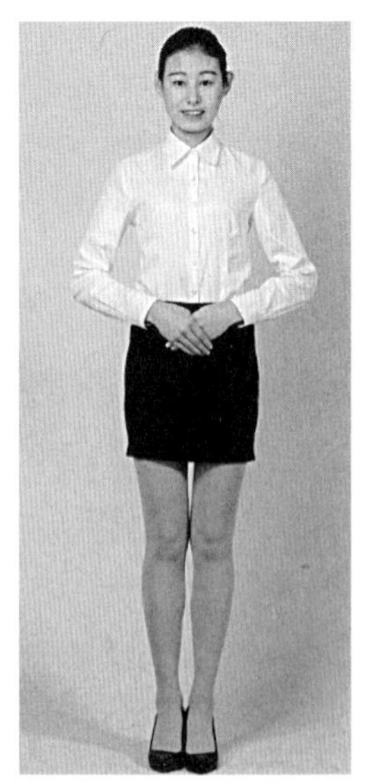

图1-5　正确站姿

二、坐姿

入座时要缓慢，女士应双手抚平臀部服装后入座，避免久坐后服装出现褶皱。坐椅子的$^{1}/_{2}$，不超过椅面的$^{3}/_{4}$，上半身直立，不能倾斜、摇晃，腿部要求并拢。坐姿上半身要求与站姿的头、颈、下颌、肩、腰部要求一致，男士腿部要求并拢平放，双手放于大腿上方或办公桌上；切忌跷二郎腿。男士正确坐姿如图1-6所示，不当坐姿如图1-7所示。

女士要求双腿并拢平放，双手交叠放于腿面（图1-8），也可按个人习惯，并拢后朝左或朝右斜放，又或者可交叠斜放，交叠斜放时两脚尖方向应该一致[图1-8（b）]，避免腰部、背部完全陷进椅子或者紧贴椅背，腿部、脚部不可太过随意。女士正确坐姿如图1-8所示，不当坐姿如图1-9所示。

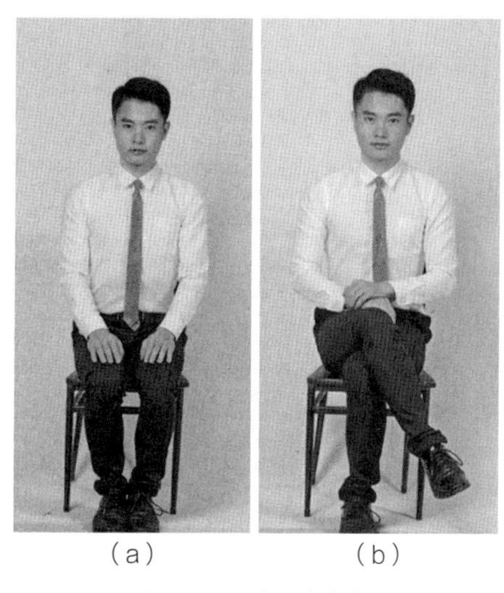

（a）　（b）

图1-6　男士正确坐姿

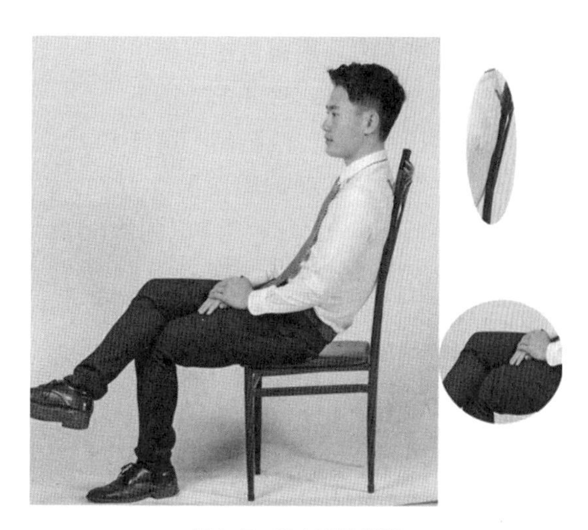

图1-7　男士不当坐姿

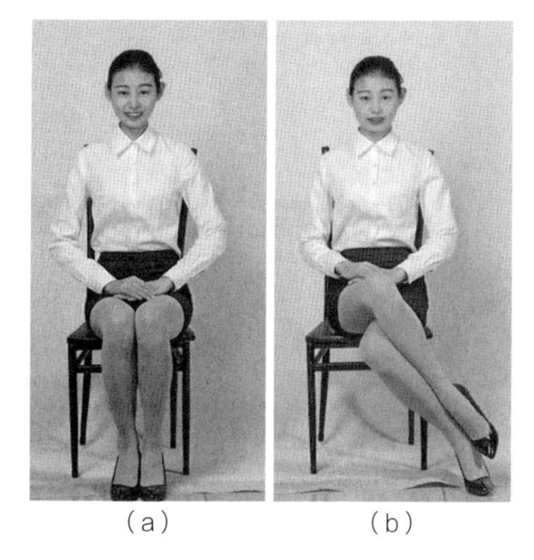

（a）　（b）

图1-8　女士正确坐姿

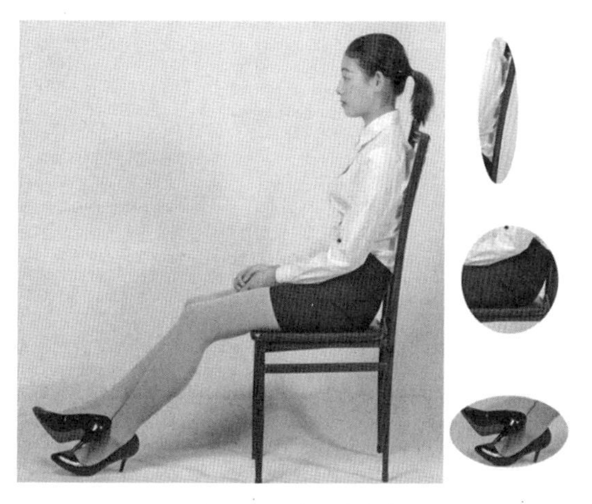

图1-9　女士不当坐姿

三、走姿

行进过程中，要保证步伐稳定，有节奏，体态端庄，避免急躁、奔跑。上半身基本要求与站姿相同，要求挺拔，不含胸、不驼背。男士行进过程中避免双手插裤袋，女士行进过程中步伐不能过大，要优雅、端庄。正确走姿如图1-10所示。

图1-10　正确走姿

四、蹲姿

若遇文件或物品掉落，应缓缓下蹲捡拾坠落物，切忌翘臀直接弯腰捡拾。下蹲方式：①双腿交叉并拢缓缓下蹲；②单手抚平裙摆，两腿间不留缝隙；③并拢下蹲。蹲姿步骤如图1-11所示。

图1-11　蹲姿步骤

设计师说

设计师的一言一行都会影响到客户的评价，甚至是对其做事能力的间接评价。所以行、站、坐、蹲都要优雅大方，做到站如松、坐如钟、行如风，注意细节，不能鲁莽。

知识训练营

生活中我们碰到形形色色的人，这些人中有哪些仪态是让你反感的？从自身出发，转换角色，换位思考，督促自己提升个人仪态。

第三节
室内设计师的社交礼仪

他山之石

一位老师带领学生前往某集团公司参观，公司负责人是该老师的大学同学。他不但亲自接待，还非常客气。工作人员为每位同学倒水，期间有位女生表示自己只喝红茶。学生们在有空调的大会议室坐着，大多坦然接受服务，没有半分客气。当负责人办完事情回来后，不断向学生表示歉意，竟然没有人应声。当工作人员送来笔记本，负责人亲自双手递送时，学生们大都随意伸手接过，也没有致谢。从头到尾只有一个同学起身，双手接过工作人员递过来的茶和负责人递来的笔记本时，客气地说了声："谢谢，辛苦了！"最后，只有这位同学收到了这家公司的录用通知。有同学很疑惑，甚至不服："他的成绩并没有我好，凭什么让他去而不让我去？"老师叹气说："我给你们创造了机会，是你们自己没有把握好。"

社交礼仪是在社会交往中使用频率较高的日常礼节。要想让别人尊重自己，首先要学会尊重别人。掌握规范的社交礼仪，能为交往创造和谐融洽的气氛，建立、保持、改善人际关系。

室内设计师常用社交礼仪包括：引荐礼仪、自我介绍礼仪、握手礼仪、问候礼仪、电话礼仪、接待礼仪、乘车礼仪等。

一、引荐礼仪

介绍一般分为正式介绍和非正式介绍两种，都必须遵循尊者居后原则，即将晚辈介绍给长辈、将客人介绍给主人、将未婚者介绍给已婚者、将职位低者介绍给职位高者、将个人介绍给团体等。

1. 正式介绍

正式介绍是指在郑重、正式场合用标准的合乎一定程序的方式所作的介绍。如把一位年轻人介绍给年长者时，则应先提年长者的名字。如："王处长，我很荣幸能介绍李设计师来给您设计。"当把一位男士介绍给一位女士时，应先提女士，如："李女士，让我把设计师××介绍给您好吗？"

介绍时要简明，要注意实事求是，掌握一定的分寸，不能夸大其词，以免使被介绍人处于非常尴尬的境地。

2. 非正式介绍

非正式介绍是指在一般的非正式的场合，自然、轻松、愉快地互作介绍。如："我来介绍一下，这是新来的设计师张飞，大家欢迎。""王处长，这就是我经常和你提起的优秀设计师张飞。"

在介绍时，加上几个字的解释，常会使被介绍者感到受人尊重，但是解释不能过分，否则容易弄巧成拙。

知识训练营

4位同学一组进行讨论，每组设计3种以上不同的场景，展现不同场合中介绍的先后顺序。

____

____

____

____

二、自我介绍礼仪

自我介绍是日常工作中与陌生人建立关系、打开局面的一种非常重要的过程，介绍的成功与否直接关系到你给别人的第一印象及以后的交往。因此，自我介绍技巧是室内设计师非常重要的职场技能。常用的自我介绍一般有口头介绍和名片介绍两种形式。

1. 口头介绍

口头介绍前要引起对方的注意，可以使用礼貌用语，如："您好""对不起""请允许我打扰一下"等将对方的注意力转向自己，再开始介绍。介绍时，面带微笑，将姓名、身份、简历介绍得简洁、清楚、明白，在语言组织上要突出个性，强调专业能力，语气要中肯，不要言过其实。

2. 名片介绍

交换名片是商业交往中的传统之一。即使在由电子签名和微信好友占主导地位时，名片介绍因背后更具人情味的潜在价值而被人们所看重。此时，室内设计师该注意些什么呢？

向别人递名片时，应恭敬地双手递过去，名片正面面向对方。接收名片时，也应恭敬地双手接过来，然后轻声读一下名片的内容，表示对对方的尊重。当几个人在场时，尽管只有其中一人是自己要交往的对象，也应该与在座的每一位打招呼，并递上名片。当名片不够时，应向他人道歉，并说明情况。

知识训练营

1. 假如你是某设计公司的业务员，在公司接待首次登门的客户，需自我介绍，如何介绍？

____

____

2. 假如你是某公司经理，参加一个洽谈会，遇到一些陌生人，请介绍一下自己。

____

____

3. 案例分析：分析判断以下行为是否妥当，如果有问题请指出，并提出解决方案。

A女士手指夹着自己的名片递给B男士，B男士双手接过，认真默读一遍，然后把名片放入裤兜后说道："王经理，很高兴认识您！"

____

____

三、握手礼仪

握手看似平常，但从中可以传递出许多信息，在轻轻握手之中，可以传递出热情的问候、真诚的祝愿、殷切的期盼、由衷的感谢，也可以传递出虚情假意、敷衍应付。所以，在握手礼仪中，室内设计师要注意以下几个细节。

1. 初次见面

如果双方均是男士，应彼此向前握手，女士则随其意愿；当您是男士，对方是女士时，最好先等到对方伸出手来；若对方是男士且已伸出手时，女士应及时回应。

2. 如何握手

必须用右手，眼睛正视对方，可以上下晃动；握手力量适中，时间以3s为宜；与女士握手时，应避免整只手紧握，一般握在手指第1～2关节处即可。握手礼仪如图1-12所示。

图1-12 握手礼仪

设计师说

握手十忌

不讲顺序，抢先出手；目光游离，漫不经心；不脱手套，自高自傲；手心向下，目中无人；用力不当，鲁莽行事；左手相握，有悖习俗；乞讨握手，过分谦恭；时间过长，握着不放；滥用双握，令人尴尬；面无表情，轻漫冷淡。

知识训练营

1．分析判断以下行为是否正确？如果有问题请指出并提出解决方案。

①A男士戴墨镜在街道上行走，路逢B女士。B女士伸出右手与之相握。该男士与之相握，使用双手。

____

____

____

②A女士和B男士都是设计师小刘的朋友，但他们互不相识，小刘为二人作了介绍，A女士伸出左手来准备和B男士握手。

____

____

____

2．握手礼仪实训。

2位同学一组，分配不同角色练习握手礼仪。台下同学认真观察，指出存在的问题。最后教师和同学们共同总结，找出易出错的地方。

四、问候礼仪

问候是在和别人相见时，以语言向对方致意的一种方式。有必要问候时，要注意问候的次序、态度、内容等。

1. 问候次序

互相问候时，通常是“位低者先问候”，即身份较低者或年轻者首先问候身份较高者或年长者；一个人问候多人，这时候既可以笼统地问候，比如说“大家好”，也可以逐一加以问候。当一个人逐一问候许多人时，既可以由“尊”而“卑”、由长而幼地依次而行，也可以由近而远依次而行。

2. 问候态度

问候是敬意的表现，态度要主动、热情、自然。当别人首先问候自己之后，要立即予以回应，不要不理不睬，摆架子；问候别人的时候，通常要表现得热情、友好；问候时必须自然、大方，若矫揉造作、神态夸张或者扭扭捏捏，反而会给人留下虚情假意的不好印象；问候的时候，要面含笑意，双目注视对方，以示口到、眼到、意到，专心致志。

3. 问候内容

问候语应注重传达尊重和友好，初次见面时问候语较为直接、简单、明了，如："您好""大家好""早上好""下午好""请多关照""多多指教"等；与熟人见面问候语可以熟稔一些，如："最近忙吗""去哪里呀""好久没见了，更漂亮/帅气了"……

五、电话礼仪

随着科学技术的发展和人们生活水平的提高，手机的普及率越来越高，室内设计师离不开电话沟通，每天要接、打大量的电话。看起来打电话很容易，对着话筒同对方交谈，觉得和当面交谈一样简单，其实不然，打电话大有讲究，对方通过电话就能粗略判断你的人品、性格。所以，电话礼仪也被称为现代礼仪的基础示范，很值得学习。

1. 成功电话沟通的基本要求

①做好通话准备：准备好纸和笔（养成好习惯，左手拿起电话，右手执笔，随时准备记录相关信息）；②注意通话表现：语音、语调、语言表达方式及方法、称谓、个人态度等；③讲究通话内容：通话内容要有针对性，问清楚来电者的姓名、公司名称、职务、相关来电咨询事务、时间（包含通话时间，若有预约来访，记录好预约来访时间）等；④做好通话记录：记录内容同③相吻合。

2. 接听礼仪

①不要让铃声响太久（三声之内），接听让人久等的电话时，要向来电者致歉；②报出名字及问候语：您好！这里是××装饰公司（善解人意、恰当寒暄）；③确认对方名字并问好；④询问来电事宜并记录和确认；⑤电话交谈时要配合肢体动作，如微笑、点头；⑥接到投诉电话时，千万不能与对方争吵；⑦有来电时正和来客交谈，应告诉对方有客人在，稍后回电；⑧感谢对方来电，并确认对方挂断后再挂电话。

3. 去电礼仪

①备好号码、内容；②慎选时间、地点（安静的场所，正常上班时间）；③对方接听电话后首先报出自己的名字和问候：您好！我是××装饰公司的××；④确认对方的身份；⑤简要说明去电事宜，给别人留言时内容简明、扼要；⑥再次与对方确认去电内容，特别是时间、地点、人物、事务；⑦致谢并挂断电话。

设计师说

如何提升电话营销转化率？

不少年轻设计师反馈：电话销售的效果并不好，大部分陌生的客户接到电话时，要么语气很差，要么说几句话也就挂断了，整体转化率很差。什么原因？如何解决？

电话营销的本质还是营销，营销的前提就是建立信任，我从自己经历的一次装修谈谈体会。

我有一套房子恰好最近要装修，也不知道装修公司怎么有了我的电话，每天都有接二连三的电话打过来，说的差不多都是同一类的内容：优惠活动、免费设计等。有时候电话不分时间段，直接就是：你好，我是××公司设计师，我们公司搞什么优惠活动，你看看能不能过来看一下。因为本人工作性质，看到陌生电话不接又怕错过重要事情，但接过来一听，有时候真的是气不打一处来。当然，即使不高兴我也会客客气气地回复我在忙或者说已经定下了。说实话，这种电话营销的方式根本就提不起我的兴趣，相反还给我的生活带来了很多麻烦。

装修总还是要进行的，我自己走了几家装修公司进行了对比，在我纠结的时候，又接到了一家装修公司的电话，这个电话让我耳目一新，我还去他们公司看了，最后也在他们那里定下了。在第一次电话打过来时，他并没有问我有没有装修的打算，也没有邀请我参加他们公司的活动，而是说"我知道最近有很多人联系了你，也知道你现在可能正在为装修的事情烦心，推销我们的公司倒在其次，但我希望你可以给我2分钟的时间。"他跟别人不一样，我虽然也想拒绝他，但我还想听一下他到底能带给我什么。随后他给我分析了当前装修市场的情况，咨询了我现在面临的问题，穿插了一些他们公司的情况为我的装修提出了建议，结果2分钟的沟通变成了半小时。在后续的接触中，他也没有急于求成地每到周末就邀请我到公司看一下，而是不间断将家装的一些资讯发来，供我答疑解惑。整个过程让我觉得他不像一个销售，更像是一个家装顾问，跟他沟通确实能增长不少家装知识，少走不少弯路。随后的一个周末，应他之约我就去公司看了一下，第二周就基本敲定了。

我们一一对应来分析上述的谈话。

（1）设计师通过精心策划内容，让我对他产生了兴趣，至少不会马上挂掉他的电话。（他是"追求者"，初次见面很重要）

（2）设计师站在客户的角度，以专业角度分析装修市场的情况，为客户答疑解惑。（他能带给我好处，我慢慢被他所吸引）

（3）设计师没有急于求成地每到周末就邀请我到公司看一下，而是不间断将家装的一些资讯发给我。（他对我很关心，又给我留下了个人空间，我主动就一些问题向他请教，好像我觉得他也还不错）

（4）应他之约到公司去看了一下。（加深了解）

（5）成交。（确立关系）

不知道大家有没有启发，电话营销到底怎么做?

（1）精心组织内容，明确客户需求，让客户对你感兴趣。

（2）站在客户的角度去考虑问题、发现问题，帮助客户解决实际困难。

（3）持续跟踪，真心对待客户，帮助客户获取利益。

（4）邀约客户，促进成交，达成共赢。

知识训练营

1．接听客户来电时有哪些注意事项？遇到语气不善的客户来电应如何处理？

2．案例分析

小刘是某装饰公司实习生，下午，设计总监交代她今天必须通知设计师小王明天早上7点在公司小会议室开会，由小王介绍近期新楼盘的设计方案。小刘白天一直忙，到了晚上10点后，突然想起了此事，害怕误事，于是她赶紧拨通了小王的电话。小王此刻正在打游戏，听到电话声响了好长时间，才慢腾腾地接了起来，说道："喂，你找谁?"小刘说："喂，小王，明早7点准时开会!"说完，就匆匆挂断了电话。设计师小王想问清楚什么事，但只听到了"嘟嘟……"挂掉电话的回音。他心想："反正明天早点到单位就行"，所以再没问仔细。

第二天，小王由于没有准备设计方案受到了设计总监的公开批评，心情很差，中午和小刘还互相埋怨起来。

思考：请分析、讨论案例中实习生小刘和设计师小王在接打电话过程中存在哪些问题？

六、会客接待礼仪

设计师谈单过程中或接待客户时，行为举止直接影响客户的体验度，也影响客户对公司的评价，所以接待客户时的礼仪礼节必不可少。

（一）迎宾、会客礼仪

在开放式的服务空间中迎接宾客，例如公司前台等，要记住“五步目迎，三步问候”的原则。目迎就是行注目礼，客人已经过来了，就要转向他，用眼神表达关注和欢迎。注目礼的距离以五步为宜，在距离三步时就要问候“您好，欢迎光临”，整个过程都要始终面带恰到好处的微笑，表现出礼貌、亲切、含蓄、妥帖等。具体细节可参考如下几个方面：

（1）有访客进入面带微笑并致以问候：先生/女士，您好，有什么可以帮您的吗？

（2）引导客人到会客室入座，根据个人喜好奉茶或咖啡。

（3）访客、客户若已经有预约或指定人员，应将其引导至指定人员办公区域。

（4）交换名片，注意名片交换礼节、次序。

（5）进行商谈时，要习惯倾听，注意观察，过程中不随意打断别人，更不宜随意拍板、许诺。

（6）会客时，手机应设置为振动，如果实在需要接听电话，应走出会客场所。

（二）引导礼仪

室内设计师应懂得基本的引导礼仪，带领客户到达目的地，应该有正确的引导方法和引导姿势，下面是常见场所的引导礼仪。

1. 门口接待引领

手势：五指并拢，手心向上与胸平齐，以肘为轴向外转；站位：引导者在客人左前方1m处引导。正确引导手势如图1-13所示。

图1-13　正确引导手势

2. 楼梯的引导礼仪

引导客人上楼时，应让客人走在前面，引导人员走在后面；若是下楼时，应该由引导人员走在前面，客人在后面。上下楼梯时，应注意客人的安全。

女士引导男宾，宾客走在前面；男士引导女宾，男士走在前面；男士引导男宾，上楼宾客走前，下楼引导者走前，若宾客不清楚线路，则引导者走前；拐弯或有楼梯台阶的地方

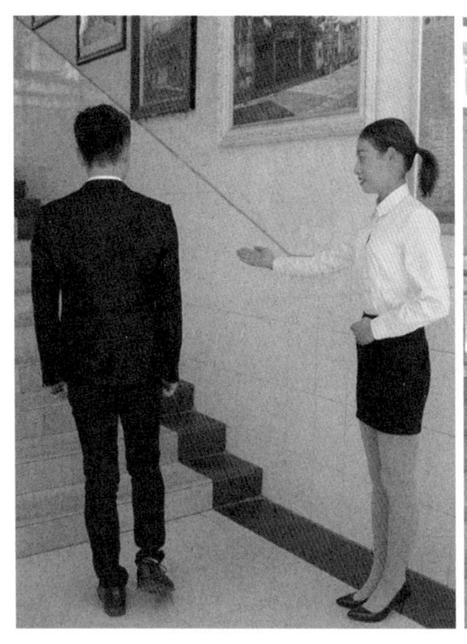

图1-14　上下楼梯正确引导手势

应使用手势，并提醒客人“这边请”或“注意楼梯”等。上下楼正确引导手势如图1-14所示。

3. 电梯的引导礼仪

先按电梯让客人进，若客人不止一人，先进入电梯，一手按“开”，一手按住电梯侧门，并说：“请进”；到达目的地后，一手按“开”，一手做出“请”的手势，并说：“到了，您先请”。遵循先下后上原则。

4. 开门和关门

手拉门，引导人员应先拉开门，并说：“请稍等”，再用靠近把手的手拉住门，站在门旁，用回摆式手势请大家进门，最后自己把门关上。

手推门，引导人员推开门，并说：“请稍等”，然后先进，握住门把手，用横摆式手势请来宾进来。

七、乘车礼仪

乘车礼仪是商务接待中的一个重要环节，座次的安排是尊重客户的体现。乘车礼仪遵循一个原则，就是把客人放在最安全的位置。商务乘车座次的安排，根据车辆的不同座次的尊卑不同，根据驾车人的不同座次的尊卑也不同。下面从两个方面介绍商务接待乘车座次礼仪。

1. 主人驾车时

如图1-15所示，前排座位是上位，后排座位重要程度区分：2最重要，3是其次，中间位置（4）最后。

图1-15　主人驾车时座次

2. 司机驾车时

如图1-16所示，前排座位（4）为最次位，后排座位重要程度由右向左（序号1~3）递减。

图1-16　司机驾车时座次

设计师说

商务礼仪以尊重为本

虽然说乘车礼仪中对关于1、2、3、4位哪个最重要进行了定性，但在具体执行中要因人而异、因时而异，标准的做法是客户坐在哪里，哪里就是上座。所以，当客户没坐在恰当的位置时，不必纠正并告诉对方您坐错了。尊重别人就是尊重对方的选择，这就是商务礼仪中尊重为上的原则。

设计师日志

人物介绍 | 李峰，吉林人，毕业于江西环境工程职业学院建筑室内设计专业，2015—2020年就职于深圳某装饰公司，任市场部主管一职。

先苦后甜成就出彩人生

1. 先苦

时间“倒回”2015年，回忆就业前的场景，迷茫，不知道自己想做什么，不知道自己能做什么。我咨询很多老师，都建议我做市场销售，在招聘会来临的最后几天我下定了决心做销售。

面试我的是我的一位学长，觉得很有亲切感，通过他的描述，公司发展平台很大，能收获什么全凭自己。我那股子倔劲就来了，我一定要去看看到底是什么样。

2013年8月10日，我踏上了开往广州的列车，心中充满着恐惧，又充满着无限的憧憬。学长到车站接我，带我去吃夜宵，给我安排宿舍，一系列的照顾都让我感动。然而接下来苦日子来了，宿舍是那种插间，8月是广州最热的时候，往往半夜热得睡不着觉。

8月13日早上，我很兴奋地到公司，想象着工作的样子，迎接我的却是去打扫卫生、洗厕所……好，这些都是力所能及的事情。随后进入具体工作——电话销售，想象往往是美好的，现实往往就是这么残酷，我拨打的第一个业主电话，对面传来了吼声，把我骂了一通，即使我内心再强大也有点接受不了，眼泪就在眼眶打转，经理过来安慰我说：别放在心上，就当没听见，习惯就好了。当时不理解为什么会是这样，后面我想通了，看得开了，我要学会换位思考，也许我们打电话过去刚好客户在忙。

2. 后甜

我这个人就是很专一、很执着。不管遇到什么样的困难我还是选择坚持。现在来看，我的选择是对的，我的经验告诉大家坚持也许会有结果，但是不坚持就什么结果都没有。

看到前辈们都比较容易跟客户沟通、约见面，我也很不服输，别人下班了我还在加客户微信，试着约见客户，终于功夫不负有心人，客户慢慢被我感动，说我这么小出来工作还这么上进，慢慢开始有意向客户、潜在客户，结果我第一周就约见了客户面谈，半个月就实现了签单。后来我对每一届实习生都会说：签单都是从搞厕所开始的，要沉得下心、耐得住寂寞、受得了委屈、扛得住压力。

工作时间长了，接触的客户很多，见面的客户也很多，签约的客户也有不少。每个客户都是值得我们学习的，做销售能学到很多东西，开阔眼界。每个客户性格都不同，同他们打交道，既能锻炼沟通交际能力，又能磨炼心理素质，更重要的是能获得客户认可，实现签单后内心真正的满足感。前段时间，有个客户跟我签单，这个客户我跟进了4年，每年见一次面，上个月说要装修了，敲定方案后直接交了定金。月底效果图还没有出来，但公司要进行月度考核，我试着同客户沟通能否提前支付下阶段费用，对方毫不犹豫帮了我，这说明客户对我信任，才这么放心的，那一刻我是很有成就感的。

3. 不忘初心

在公司工作已经5年了，我收获了很多，在这里实现了我的人生价值，也是公司给了我这个机会。在此，我想告诉大家，做什么都不容易，做什么都会遇到困难。你羡慕的生活背后都有你看不见的奋斗，只要肯坚持，肯努力，有目标，用积极乐观的心态面对，不忘初心，在未来你也会成就出彩人生。

02 第二章

谈单前准备

教学目标

知识目标

1 掌握室内设计师心理准备各要素和培育方式。
2 了解室内设计师必备的专业能力和专业知识。
3 掌握调查问卷的制作方法。
4 掌握室内设计师自我营销的方式与手段。

能力目标

1 能有意识地培养自身心理素质、专业能力、表达能力。
2 能进行初步的客户需求分析。
3 能运用不同的方法进行自我营销。

素质目标

1 具有较好的表现能力、表达能力、聆听能力、取得他人信任的能力以及成交能力。
2 具有良好的精神品质、强烈的事业心、高度的社会责任感和良好的创造性思维。

思政目标

1 掌握以人为本的思想，不因循守旧，做到知己知彼，勇于开拓创新。
2 培养爱岗敬业精神，激发认真踏实、恪尽职守、精益求精的学习动力与做一行爱一行、干一行精一行的专业态度。

思维导图

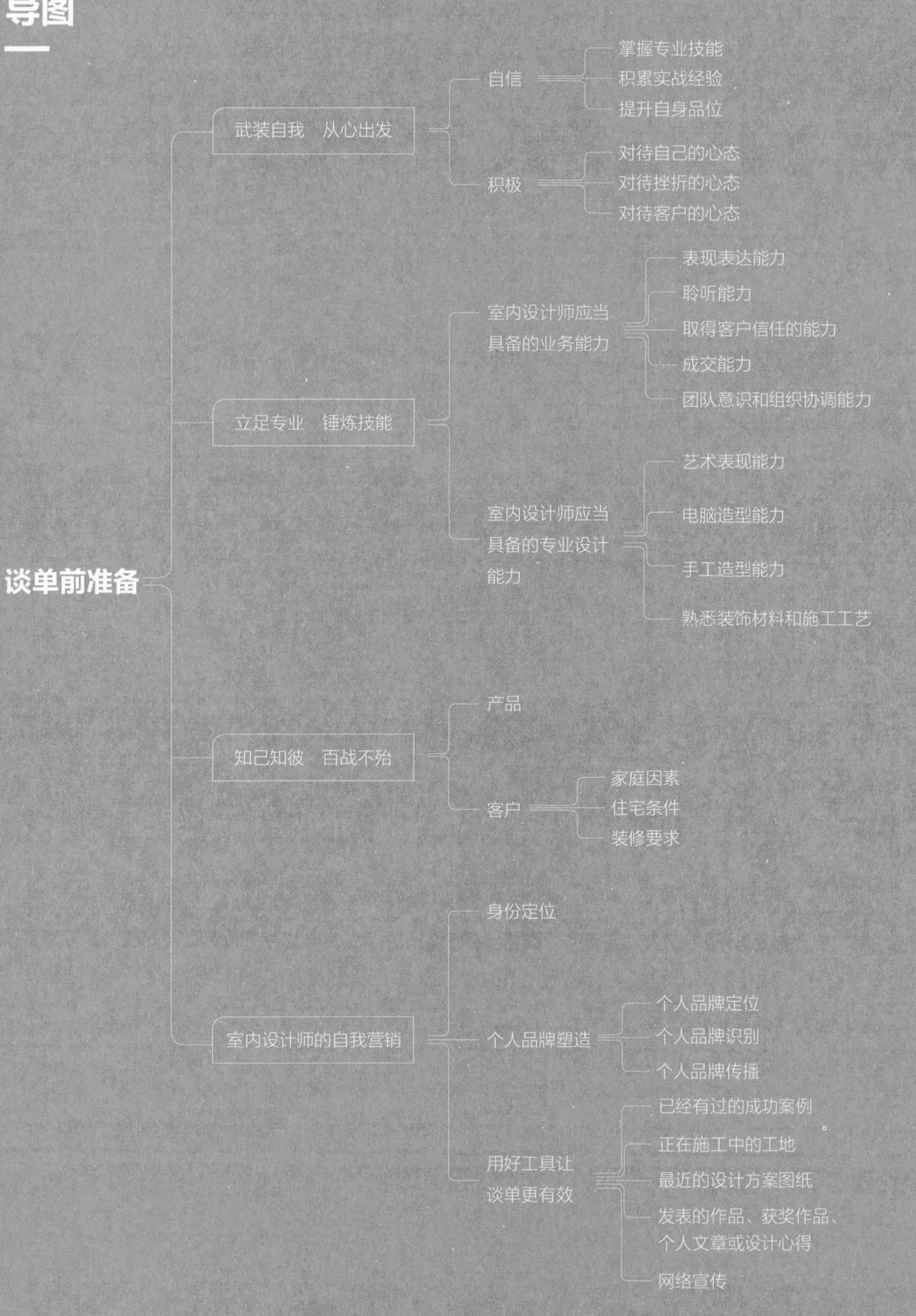
谈单前准备
武装自我　从心出发
自信
掌握专业技能
积累实战经验
提升自身品位
积极
对待自己的心态
对待挫折的心态
对待客户的心态
立足专业　锤炼技能
室内设计师应当具备的业务能力
表现表达能力
聆听能力
取得客户信任的能力
成交能力
团队意识和组织协调能力
室内设计师应当具备的专业设计能力
艺术表现能力
电脑造型能力
手工造型能力
熟悉装饰材料和施工工艺
知己知彼　百战不殆
产品
客户
家庭因素
住宅条件
装修要求
室内设计师的自我营销
身份定位
个人品牌塑造
个人品牌定位
个人品牌识别
个人品牌传播
用好工具让谈单更有效
已经有过的成功案例
正在施工中的工地
最近的设计方案图纸
发表的作品、获奖作品、个人文章或设计心得
网络宣传

机会总是留给有准备的人。只有做足了充分的准备工作，当客户找来时我们才能够抓住机会，取得对方信任，成功签单。

第一节
武装自我　从心出发

他山之石

小刘原先在一个小公司，每个月能签两三单，她觉得自己很了不起。后来，她进入一个大公司，发现竞争很激烈，签单最高的设计师每个月能签到500多万元，一个人就超出了一个小公司的成绩。签单达到100万元以上的设计师比比皆是，她感到了前所未有的压力。公司最低的设计师每个月也能签三单以上，她成了公司里业务量排名最后的设计师。怎么办？离开这个公司还到一个小公司里去享受签单的满足和老板的重视？还是继续留在这里和大家学一学，比一比？最后，她决定要树立信心，留下来参与竞争，证明自己的专业能力。

因此，她对每个接待的客户都非常积极、认真，因为如果不抓住每个可能签单的机会，就永远不会有出人头地的机会。大公司的报价比小公司要高出很多，因此如果单纯从价格上看，很多客户都会被淘汰。要是在小公司，她觉得很正常，认为那不是自己的能力问题和态度问题，而是客户问题。可是在这里，她的态度转变了，因为有其他人的签单案例在。由于公司每个月给她的客户不超过6个，她要想签更多的单，就必须不放弃每个单。

第一个月签了3单，还是原来的水平，公司有20多名设计师，她排第18名，也是属于较差的行列中一员了。从第二个月起，她给自己定了绝不放弃每个客户的目标，每接到一个单，她都格外珍惜。她认真地做客户分析，认真地记录客户沟通中所表现出来的每一个需求，客户只要有一点不满意，她就要想尽一切办法去调整设计思路，修改预算的每一个细节。第二个月，她签了5单，进入了前10名。她这才发现，已经突破了自己的能力和思维。原来在小公司，根本就从未考虑过每个月还能签到5单，总是认为3单已经很了不起。第三个月，她接了6单，签了7单，其中有一个客户给她介绍了一个客户，两个人一起签的单。就这样，小刘慢慢成了新公司里表现优秀的设计师，在专业的道路上也越来越自信。

一、自信

从心理学角度出发，人生是相信、期望、反复思考的结果。作为一名室内设计师，成功的前提就是充分相信自己的专业知识能够为客户带来良好的装修体验，换句话说，如果你连自己都不相信，谁又会去相信你呢？你只有相信自己能够做好这个单，才能有底气和勇气与客户洽谈，遇到困难和挫折时才会越挫越勇、百折不挠，否则客户随便一个问题就能让你底气全无，丧失斗志。那么，如何才能成为一名自信的设计师呢？

1. 掌握专业技能

专业技能主要是指从事某一职业的专业能力。作为室内设计师，必须精通设计、材料、工艺、预算等知识，俗话说艺高人胆大，只要专业技术过硬，底气自然就有了。

2. 积累实战经验

室内设计是实用学科领域，靠的是经验总结和不断学习。设计不仅是图纸，还有设计师的生活、阅历、人生观、灵感和创造力，这些都是通过项目实战累积起来的，经验越多越专业，客户也更加放心。

3. 提升自身品位

室内设计师要提升自身的学习能力、审美能力，要多接触不同领域的东西，多从生活中寻找灵感，要时刻保持一颗敏感的心；另外，外在着装是心灵深处的体现，干净利落的着装也可以“壮胆”，提升魅力值，这也不容忽视。

设计师说

自信心是相信自己有能力实现目标的心理倾向，是推动人们进行活动的一种强大动力，也是完成活动的有力保证，它是一种健康的心理状态。有自信心的人能够正确地、实事求是地评估自己的知识、能力，能虚心接受他人的正确意见，对自己所从事的事业充满信心。但是，作为设计师，自信心的来源就在于对于设计方案、施工、管理、服务的充分了解。

二、积极

今天，家装市场竞争日趋加剧，装饰公司之间有竞争，装饰公司内部设计师之间也有竞争，如何快速提升自己的签单能力，不存在千篇一律的办法可学，但是，作为室内设计师，必须要树立积极的心态。

稻盛和夫先生曾说过：“能力和努力程度几乎相同的人，有的成功了，有的失败了，他们的区别在哪里？不是运气和命运使然，而是他们所持的愿望在深度、高度、热度、大小程度上的差异。”所以，请摒弃那些“很难啊”“差不多”“这就不错了”等保守性的心态，从今天起，积极、再积极地面对你的职业，坚信你一定能成为这个领域的成功者。

1. 对待自己的心态

室内设计师要了解自己，正确评估自己的能力。既不能眼高手低，好高骛远，也不能小有成绩就自以为是，满足于现有的设计成果，更不能过于谦卑，对自己缺乏信心，让自卑心态作祟。理想的状态是既切合实际，不脱离周围的现实环境，又要树立远大的目标，不断激励自己。

设计师说

做好现实与梦想的转化

我们说谈单成功起始于设计师积极的心态和强烈的信念，那么紧随其后，设计师一定要在脑海里反复推敲实现成功谈单的具体方法，将实现签单的过程在脑中进行模拟演练，就像下棋一样，谋篇布局、起承转合是最基本的策略，还需要纵横捭阖、左右逢源的章法，通过一次次的排练，理顺每个细节，一直到“看见”它的结果为止。

反复思考谈单过程中的每一个细节，让它们在你的头脑里形成清晰的印象，直到闭上眼睛都能够描述出签单的过程和情景，那么你的成功率将会得到极大的提升。

2. 对待挫折的心态

“不畏挫折，永不言弃”是优秀心理素质必备的，这要求我们正确认识挫折和失败，有百折不挠的勇气。在做设计与谈单时，会经历很多失败，可能是自身原因，也可能是公司原因，又或者是客户的原因。但一定要有耐心，要相信所有的失败都是在为以后的成功做准备。

你可以告诉自己，也许我在某些方面还做得不够，不过再多努力一次或许就能成功。为什么有成功者也有失败者？原因很简单：成功者比失败者只多坚持了一步。人生总有不幸的一面，只要你能坦然面对一切，正视挫折，把困难看作是人生必然的经历与成长的机会，你就会一步步走向成功。

3. 对待客户的心态

在设计与谈单过程中，要时刻记住：帮助客户解决问题，替客户着想，学会比客户更懂得如何去帮助他们。只有尊重客户，真诚地视客户为朋友，才能维系老客户的关系，不断赢得新客户。这就要求室内设计师在和客户谈单过程中要多问、多听，抓准客户的内在需求，多为客户解决问题。

从另一个角度来讲，谈单成功与否其实不在于客户，而在于设计师的设计、产品、服务是否打动了对方。所以，试问你是不是对每个客户都非常强烈地渴望为他解决问题？你是不是认为这个客户签不签单无所谓，反正还有下一个客户？你有没有想尽一切办法为客户营造一个幸福温馨的家居环境？如果没有，说明你在对待业主、对待签单的心态上还不够积极。

设计师说

热情就是一个人努力达到自己目标的一种积极力量。积极的心态让我们始终都对客户充满热情、耐心，不厌其烦地帮助客户。在客户表达自己的想法时应该做好倾听，要耐心、细致，不因客户表达的内容而批评或指责客户。在客户出现反复调整时，应耐心，不急躁，应不厌其烦、热情地帮助客户。

知识训练营

室内设计师如何处理客户提出的不合理要求？

____

____

____

第二节
立足专业　锤炼技能

他山之石

世界技能大赛是当今世界地位高、规模大、影响力大的职业技能竞赛，被誉为“技能界的奥林匹克”，其竞技水平代表了各领域职业技能发展的世界水平。为了在世界大赛中取得好成绩，在国家集训队期间，来自江西环境工程职业学院的曾璐锋同学一门心思扎进比赛训练之中，心无旁骛，不断地琢磨着每一个竞赛工艺环节，甚至有时不自觉地就会把碗筷比作连接的管泵，计算着，比画着，嘴里还喃喃细语。在训练时的每一道工序，都反反复复不断练习，确保能“精”到巧夺天工，天衣无缝。经过长期反复训练、摸索、积累、创新，不断刷新自己的速度和精度，最终曾璐锋凭借扎实的技能获得第45届世界技能大赛水处理技术项目冠军。

作为一名设计师，要如何才能签单呢？扎实的专业技能和高超的设计水准必不可少。室内设计师要不断提升自身的表达能力、聆听能力、取得客户信任的能力、成交能力、团队意识和组织协调能力及艺术表现、电脑造型、手工造型能力，熟悉装饰材料和施工工艺，立足专业、锤炼技能，为顺利签单打下扎实的专业基础。

一、室内设计师应当具备的业务能力

（一）表现表达能力

表现表达能力是指一个人把自己的思想、情感、想法和意图等用语言、文字、图形、表情和动作清晰、明确地表达出来，并便于让他人理解、体会和掌握的能力。表现表达能力对于室内设计师尤为重要，其能力强弱直接影响到工作的成效。要想达成有效的沟通，必须做到以下两点：

（1）尽可能协助客户了解你和公司。让客户相信公司和你有能力履行合同。在与客户交流的整个过程中，要清楚说明公司哪些方面是经营管理特长，哪些方面服务周到、可靠，是值得信任的公司，而你则是有良好职业道德、值得信任的优秀设计师。

（2）协助客户了解设计、图纸、合同和相关文件的内容。客户必须清楚知道设计方案的空间造型、材料、结构工艺、施工手段，以及如何实施和使用等。客户也一定要了解签单之后的责任、改动以及变动的程序、责任和结果。设计师必须协助客户，让他完全了解签单之后会遇到的可能情况。

设计师说

设计师如何提升沟通能力？

室内设计师提高沟通能力，有两个方面：一是提高理解别人的能力，二是增加别人理解自己的可能性。除了加强理论学习外，更重要的是多实践，在实践中体会。

不要只和一个圈子里的人交往，你面对的人是形形色色的，那就扩大你的朋友圈，试着多交一些朋友！放下你的胆怯，抓住一切机会跟他们打交道，了解他们的经历、思维习惯、兴趣爱好、性格特点。这些都是沟通过程中的资本，没有这些积累，谈单过程中你难免笨手笨脚、跌跌撞撞，成功的概率自然大大降低！

设计师必定是一个杂家，不需要精通每一门学科，但是涉猎领域越宽则越能为沟通积累素材。

（二）聆听能力

聆听，要比平常的“听”更深一个层次，要求能听得见、听得准、理解快、记得清。对听到的内容有所反应，能够进行欣赏、理解、辨别、提炼。室内设计师的聆听能力直接决定了与客户沟通的成效，这就要求室内设计师在与客户沟通过程中按下自己想评判的冲动，保持一颗好奇心，增强对倾听内容的辨析能力，养成专注的倾听习惯。

1. 按下自己想评判的冲动

客户对装修有自己的认知标准，或许你不认同，但没关系，认真、耐心地听他说完，听完后如果你还有自己的想法，再委婉地向对方表述。

2. 保持一颗好奇心

保持对谈话内容的好奇，并且向客户表示你一直在耐心听他讲，如有必要还可以将客户的观点分门别类地记录下来，因为客户所陈述的正是他所关心的，当你解决了这些问题，签单也就水到渠成了。

3. 增强对倾听内容的辨析能力

谈话中听其词，目的是会其意，当无法依据对方的非语言表达了解其真实意图时，就有必要将注意力集中在对方的语气、语调和言语的内涵上，而不是集中在孤立的语句上。比如电话邀约客户，仅依据客户的话语而下结论就显得操之过急了，还要分析客户话语中的语气、语调，要听懂客户话外之意。

4. 专注

尝试着思维“不溜号”，只是听对方说话，听字面意思，感受对方的情绪，给予一定的眼神交流或者语言认同（“嗯”“这样啊”“啊”“我能理解你”），随着聆听能力的不断提升，越来越能听到对方的情绪变化，甚至达到情感共鸣。好的倾听者是将自己放在“幕后”，降低在谈话中的对立感，把表达的主动权交给对方，接纳听到的观点、看法。

设计师说

积极聆听与及时提问

积极聆听有别于被动听，积极聆听包括倾听对方语言表达的内容，以及内容背后所反映的感受，而这些感受往往透过表达者的手势、表情、神态、身体动作及声调的高低、快慢反映出来。

设计师要善于询问。这个询问包含两个层面的意思：一是通过代入式的询问，营造轻松、活泼的聊天氛围，掌握你所需要的信息；二是当客户表现出犹豫、困惑时也要及时询问，可用询问引出对方真正的想法，了解对方的立场以及对方的需求、愿望、意见与感受，并且运用积极倾听的方式，引导对方发表意见，进而对自己产生好感。

（三）取得客户信任的能力

谈单是一个建立专业形象进而赢得客户信任的过程。建立信任是整个谈单销售过程中都要做的事情。客户是否签单取决于对设计师专业能力及所在公司的信任。具体来说有以下两点：

1. 客户对设计师所在的公司是否信任

这主要取决于公司的品牌和知名度、公司特色、报价、施工质量和管理水平等。

2. 客户对设计师是否信任

这主要看设计师的个人品质以及专业能力是否值得信任。

基于上述两点，在和客户沟通的时候，语言表达背后的深层逻辑出发点：第一，能为客户提供什么样的价值？第二，如何能给客户争取更多的利益？第三，如何做才是真正为客户考虑？

只有清楚在做什么，如何才能帮助客户，如何为客户提供有价值的东西，以真心换诚心的方式与客户沟通，客户才会认可你、信任你。

设计师说

签单背后是客户对设计师的信任

建立信任是谈单和签单的关键，只有信赖才会放弃其他公司或其他室内设计师，才能够让客户相信你的专业能力是适合他的，才会使客户愿意让你规划他的家装事宜。

（四）成交能力

这里说的成交是指设计师说服客户接受其建议和方案，并且立即签单的行动过程。它是面谈的继续，也是整个谈单工作的最终目标。简言之，即设计师用来说服顾客实现购买。

是否签单最终的决定权固然掌握在客户的手中，但是一些成功推销实例中，各项决定几乎都是由客户与室内设计师共同完成的，特别是最后的签单决定，大都是在设计师与客户面对面的沟通中签订的。要尽量避免把最后的决定交给客户独自完成，特别是不清楚客户还要考虑些什么的情况下。其实整个业务过程就是一个催的过程，要掌握技巧，不要操之过急，也不要慢条斯理，应该张弛有度，也要晓之以理，动之以情。但要确认客户对设计方案有足够的兴趣与购买欲、有足够的经济实力、有对产品买与不买的最终决定权之后，找准合适的时机，适度催单，确认成交。

设计师说

摆正心态，勇于成交

沟通过程中，当客户露出权衡轻重、犹豫不决或赞许认同的表情时，设计师就要把握住机会促成签单。那么，需要怎样做才能有效把握成交时机呢？

1. 要有平衡与主动的心态

许多设计师害怕被客户拒绝，以至于交谈结束了都没有一次要求客户进行成交，自然签单率就不高。交谈过程中，客户不会主动提出成交，所以当发现客户的成交信号后必须提出成交，一次还不行，就第二次，第二次不行就第三次、第四次，必须主动才可能拿到订单。

2. 要认识到机不可失，失不再来

客户的要求很明确，对设计、报价也非常满意，然而设计师还在喋喋不休，等到想尝试签单时客户说：我再考虑考虑。结果是客户一去不复返。什么原因？没有把握好成交时机而失去的销售机会，比因其他任何原因所失去的销售机会都要多。

3. 机会没有最好，只有适当

沟通过程中什么是最好的成交时机呢？客户犹豫不决？还是询问装修细节？或是关心售后服务？设计师只要发现客户的成交信号，就不要犹豫，应该尝试着引导客户做出成交的决定，没有最佳的成交机会，只有适当的成交机会。

不要害怕失败，客户不签单也很正常，设计师要勇于面对问题，挖掘客户背后的困惑和疑虑，解决之后就是签单的合适时机，要让客户感受到我们解决问题时的自信和专业。

（五）团队意识和组织协调能力

现代设计项目往往涉及多学科领域，必须调动多方面的智慧和技能，才能有效地进行设计工作。设计师必须有良好的人际关系，有群体意识，尊重他人的意见和想法，善于与人共事，以一种协调合作的“团队精神”来推进设计进程。设计方案完成后，应该虚心地听取客户的意见和想法，也需要认真征求有关专家的意见，协调各方面的建议后加以调整修改，才能使设计更加完善。

知识训练营

除了上述5个方面，你认为室内设计师还需具备哪些业务能力？

____

____

____

____

二、室内设计师应当具备的专业设计能力

专业设计能力是室内设计师必须具备的首要条件，这种能力的获得一般是经过一定时间系统的专业学习。专业技术能力主要包括造型基础能力、色彩表达能力、艺术表现能力、摄影造型能力、电脑造型能力、手工造型能力等。

1. 艺术表现能力

艺术表现能力主要包括：对作品的美学鉴赏能力，丰厚的美学修养；扎实的绘画

造型基本功和表现能力；具备较强的手绘能力，能徒手绘制草图，进行设计创意的构思和表达，并做到线条准确、清晰、流畅，透视准确；能使用马克笔、水彩、水粉等工具绘画效果图；了解色彩设计的基本知识，熟悉流行的配色，并能熟练运用到产品设计中。

2. 电脑造型能力

电脑造型能力主要包括：懂得计算机辅助技术，掌握用电脑绘制设计图、效果图的技巧。能有效而熟练地应用Illustrator、Photoshop、3dmax、酷家乐、草图大师绘制真实、细致的平面或三维效果图，能有效使用Rhino、Solidworks、Pro-e构建完善的三维模型，了解Office、AutoCAD等软件的应用和其他一些基本的电脑操作。

3. 手工造型能力

手工造型能力主要表现在动手能力上，能独立制作高质量的模型。

4. 熟悉装饰材料和施工工艺

材料工程工艺知识主要包括：了解工业产品常用材料的成型工艺和表面处理方法；了解基本的结构常识，保证设计成果没有重大的结构或工艺性错误；能应用一些新材料和表面处理的新方法；了解产品中常规使用的零件装配方式；有成本概念；能与工程师顺利进行工程工艺的交流，同时，对设计创意的工程实现能提出有效的建议。

设计师说

学无止境，做一名学习型设计师

成为一名优秀的家装设计师不是一朝一夕的事情，其历程就如马拉松赛跑。最终赢得荣耀的人，除了天赋之外，更重要的是日复一日的练习。同理，室内设计师要成功，只靠天资是不够的，还需要持续的学习。

1．学习专业知识，提升专业能力

专业技能是设计师接单、谈单的基础，其中软件是基本功，但这并不代表软件用得好专业能力就强，室内设计可不仅是软件这么简单，还有装修材料、施工工艺、装修预算、色彩搭配，甚至还包括心理学、营销学、关系学等方面的知识，掌握的知识越多，反馈到设计、谈单中也就越自信。家装行业日新月异，新风格、新材料、新工艺、新模式随时都对知识储备提出新挑战。所以，一名优秀室内设计师需要不断学习，不断提高水平。

2．学习沟通技巧，提升谈单水平

目前，国内大多数家装公司普遍实行“设计师负责制”的经营管理模式，即客户的接洽、沟通、设计、施工等全程由某个设计师负责，设计师薪资跟业务关联，签单越多收入越高。所以能否接到单、谈好单、签下单对设计师来说意义重大。

如果接单主要看公司的品牌和前期的业务水平，而接到单能否把单子谈下并引导客户签单，那就要看设计师的水平。在这个过程中，谈单是签单的前提和基础，纵观家装设计师工作流程的5个阶段：前期与客户沟通—初步方案设计—深入方案设计—施工图设计（编制预算书）—施工阶段，都离不开设计师和客户的交流沟通，如何引导客户说出自己的真实想法，如何阐述自己的设计理念，怎样把自己和设计方案推销出去，都需要“能说会道”。

知识训练营

填写以下表格（表2-1），体会作为一名优秀的室内设计师需要具备哪些能力，找出自身优势。

表2-1 自我能力认知

问题思考	结论
一名优秀的室内设计师需要具备哪些能力？	
别人认为我最拿手的是什么？	
我最擅长的是什么？	
做过最得意的事情是什么？	
事情当时的概况是什么？	
当时遇到了什么困难？	
采取了什么解决办法？	
最后达到了什么效果？	
这件事体现了我的什么能力？	
这种能力如何在今后的室内设计师职业生涯中发挥优势？	

续表

问题思考	结论
作为未来的室内设计师，我存在哪些不足？	
这些不足如何去改正？	
如果要改正，要多久？	

第三节
知己知彼　百战不殆

他山之石

A是一家人寿保险公司的推销员。当A按照上一次电话中约定的时间与某公司的总经理B先生进行电话跟进时，B先生的回应很平淡。

B先生："我想你今天还是为了那份团体保险吧?"

A："是的。"

B先生："对不起，打开天窗说亮话，公司不准备买这份保险了。"

A："B先生，您是否可以告诉我到底为什么不买了呢?"

B先生："因为公司现在赚不到钱，要是买了那份保险，公司一年要花掉××，这怎么受得了呢?"

A："除了这个原因，还有什么其他让您觉得不适合购买的原因吗? 可否把您心里的想法告诉我?"

B先生："当然，是还有一些其他的原因……"

A："我们是老朋友了，您能告诉我到底是什么原因吗?"

B先生："你知道我有两个儿子，他们都在工厂里做事。两个小伙子穿着工作服跟工人一起工作，每天从早上8点忙到下午5点，干得不亦乐乎。要是购买了你们的那种团体保险，如果不幸发生意外，岂不是把我在公司里的股份都丢掉了? 那我还留什么给我儿子? 工厂换了老板，两个小伙子不是要失业了吗?"（真正的原因总算被挖出来了，所有开始时的理由只不过是借口，真正的原因是受益人之间的问题，可见这笔生意还没有泡汤。）

A："B先生，因为您儿子的关系，您现在更应该做好保险计划，让儿子将来更好地生活。我现在就去您那，咱俩一起把原来的保险计划做个修改，让您两个儿子变成最大的受益人。"

B先生："好吧，如果能满足这个要求，我倒可以考虑签单。"

当客户拒绝你时，一个成熟而有经验的营销人员会通过有策略的交谈，巧妙突破客户的防线，从而开发出客户的潜在需求，促成签单。所以营销时能否挖掘客户的消费需求至关重要。

挖掘客户的消费需求，就是要让他明白眼前的商品可以带来远远超出商品价值之外的东西。由于年龄、性别、职业、文化程度、消费理念和经验的差异，客户在购买商品时，会有不同的购买动机和消费需求，因此，他们所要求得到的服务也不同，销售人员面对每一位顾客都要细心观察，热情、细致地为他们提供所需要的服务。

知己知彼方能百战不殆，要想谈好单，室内设计师必须要念好的两本“经”：一是你的“产品”，二是你的“顾客”。

一、产品

装修有其特殊性，客户从一无所知到决定签单时面对的不过是一纸合同、工程预算报价、部分施工图纸、大概效果图等，整个过程基本在臆测中进行。促使客户签单的最大动力来源于日常沟通中建立的信任，而信任又是建立在所提供的“产品”对客户关注点的解答上（表2-2），所以客户的关注点就是营销的重点，是值得每一位室内设计师深思的问题。

表2-2　客户关注点和产品

序号	客户关注点	对应的“产品”打造
1	你是谁？哪个公司的？	打造个人形象，营销自己；宣传好公司，寻找公司差异化平台优势
2	你要跟我说什么？	注重设计方案的表达；给客户留下印象，引起客户兴趣
3	你说的对我有什么帮助？	满足客户想法及需求，减少客户的担忧
4	你说得很好，拿什么来证明？	工具、道具、案例的使用及客户验证
5	我为什么聘用你做设计？	做到让客户省心、省力、开心
6	我为什么现在就要和你签单？	让客户觉得立即签单物有所值

二、客户

室内设计师要了解客户的消费心理、性格特点，客户来公司一定有其目的，在没有弄清楚客户需求之前的营销效率极低，因为推荐的不一定是他想要的。所以室内设计师要学会在有限的接触中尽可能了解客户的基本信息：性别、年龄、民族、身高、文化程度、工作单位、职务、特长、兴趣爱好、家人（数量、爱好）、联系方式等，还可以了解客户对装修的认识，如装修日期（着急程度、何时入住）、装修选择（施工队、其他装修公司数量、第几个接触者）。

客户一般都有比较强烈的自我保护意识，事先设计一份调查问卷，引导顾客填写问卷，既能有效降低其警戒心理，又能掌握更全面的信息。设计师要学会利用调查问卷，并引导顾客填写，但不能操之过急，以免对方拒绝填写或填写不实信息。一般来说，一份完整的调查问卷包括三个方面。

1. 家庭因素

家庭结构形态：包括人口、数量、性别与年龄结构；家庭文化背景：包括籍贯、教育程度、信仰、职业等；家庭性格类型：包括共同性格和家庭成员的个别性格、偏爱、特长等；家庭经济条件：包括收入情况、工作状态等，以及家庭希望的未来生活方式等。

2. 住宅条件

住宅建筑形态：属于新建的还是旧有的，位置和小区周边地理环境；住宅环境条件：包括住宅所在的社区条件，小区景观和人文因素，物业管理等；住宅空间条件：包括整栋住宅与单元区域，平面关系和空间构成，住宅与公共空间的关系，注意私密性，安全性；住宅结构方式：属于砖混、框架、剪力墙，或是其他，客户对住宅质量的看法；住宅自然条件：包括采光、日照、通风、温度、湿度等。

3. 装修要求

客户喜欢或想选择的家装设计风格；客户想象的装修标准，如经济型、普通型、豪华型和特豪华型；客户家庭装饰的内容；客户想选择的主要装饰材料；客户喜欢的装饰色彩与色调；对装饰照明的要求；对功能改善的要求；客户大概的家装投资预算或想法等。

设计师说

家装客户设计需求分析清单

玄关：是否考虑设置衣帽柜（外衣、雨伞、包等）？

客厅：客厅常活动的人数？是否在家里有小型聚会？是否经常有朋友来做客？人数多少？沙发的面料有无特殊需求？是否喜欢听音乐？是否需要背景音乐？是否会在客厅看书？是否需要鱼缸？

餐厅：是否常在家用餐？用餐人数？是否在餐厅看电视？是否有藏酒的爱好？是否每天都喝酒？是否常吃西餐？是否需要独立酒吧？

厨房：是否会亲自下厨？除基本电器外是否还需要洗碗机、消毒柜、蒸炉等？是否需要净水机、软水机、垃圾处理器等？

主人房：床具是否需要加大？是否需要梳妆台？是否常在卧室看书？是否需要按摩椅？是否需要保险柜？是否需要大量储物功能？衣服类别占比？是否需要在卧室看电视？通常入睡时间？

主卫生间：是否需要按摩浴缸？是否需要洁身器？马桶功能是否要求完全封闭？是否需要小便器？是否需要桑拿房？

书房：是否还有会客、品茶或其他功能？习惯以何种姿势看书？多少人同时使用书房？书籍是否很多？是否吸烟？

儿童房：除床具、衣柜、书柜等基本功能以外，是否需要留出玩耍区？玩具是否很多？房间的规划有没有考虑时间段（年龄、今后的变更）的要求？

客房：是否有固定或常来的客人？人数多少？是否需要看电视？有没有长辈亲朋长期居住或定期居住？

庭院：对于花草的养殖有无特殊要求？是否需要水景？是否会在此烧烤？是否需要孩子玩耍区？是否在此品茶？

其他：家庭人员的结构？从事的职业？有何特殊兴趣或爱好？整体风格的定位？家居色彩的喜好？冷色或暖色？材质的喜好？家私类（沙发、餐桌等）的风格定位？灯光的氛围及形式？在设计装修中有没有什么忌讳、禁忌？有无宗教信仰？对哪些地域文化生活感兴趣？家里是否有宠物？平日喜欢何种体育项目？有什么运动器材？是否需要智能家居（灯光调节控制和灯光场景模式、窗帘遥控、安防报警、摄像监控等）？是否有固定停车位？

知识训练营

设定场景，模拟引导客户填写《××装饰调查问卷设计表》。

××装饰调查问卷设计表

为了准确把握您的设计风格，满足您的居家使用要求，为您提供优质高效的设计服务，我们××装饰的设计师应当对您家庭的基本资料、您的喜好、您的生活习惯等有所了解。我们会充分尊重您的隐私，并保证该调查表仅用于本次的合作范围。

充分了解您，才能了解您的需要，请您理解。非常感谢您的配合！

您的称呼（女士）：

联系电话：

微信：

E-mail：

您所在的城市：

楼盘名称：

预计装修总费用：　　元（此为装修总造价，硬装造价指地面、墙面、顶面不可动的物体；软装造价指家私、电器、家纺、灯饰、装饰品等易于更换的物品的全部造价）

居室面积：　　　平方米（建筑面积）

房屋朝向：　　　（如：坐北朝南，北指入户门）

楼层：

层高：（别墅、复式等请每层说明）

居室种类：

A 平层　　B 错层　　C 跃层

D 复式　　E 别墅　　F 其他

装修种类：

A 带有初装修　　B 旧房改造　　C 毛坯房

1．您的年龄：

A 20～25岁　　B 25～35岁　　C 35～45岁　　D 45岁以上

2．您的学历：

A 本科以下　　B 本科　　C 硕士　　D 博士

3．您从事的行业：

A IT　　B 服装　　C 鞋业　　D 房地产

E 旅游　　F 媒体　　G 金融　　H 艺术

I 教师　　J 公务员　　K 科技行业　　L 医生

M 律师　　N 其他（请注明大概）

4．您的居室成员：

A 父母　　B 夫（妻）　　C 女儿　　D 儿子

E 孙子　　F 孙女　　G 保姆　　H 其他

5．您的孩子年龄：

A 还没有孩子　　B 0～3岁　　C 4～6岁　　D 7～9岁

E 10～13岁　　F 14～18岁　　G 18岁以上

6．您喜欢的家居风格：

A 中国古典风格　　B 现代风格　　C 简欧风格

D 日式风格　　E 美式田园风格　　F 欧式古典风格

G 混合型风格　　H 地中海风格　　I 其他

7. 您喜欢的陈设品：（可多选）

摆设类：

A 雕塑　B 玩具　C 酒杯　D 花瓶

E 其他

壁饰类：

A 工艺美术品　B 各类书画作品　C 图片摄影　D 其他

8. 您喜欢的家居整体色调：

A 偏冷　B 偏暖

C 中性色调　D 根据房间功能选择

9. 您喜欢喝：

A 茶　B 咖啡　C 酒

D 新鲜饮料　E 其他

10. 您的洗浴方式：

A 淋浴　B 浴缸　C 两种兼有　D 其他

11. 您的个人爱好：

A 收藏　B 音乐　C 电视　D 宠物

E 运动　F 读书　G 旅游　H 上网

I 其他

12. 您对装修材料的喜好：

A 玻璃类　B 木质类　C 石材类　D 壁纸类

E 不锈钢铁艺　F 软装饰　G 其他

13. 家庭共用空间数量：阳台　个，书房　个，餐厅　个，客厅（起居室）　个，卧室　个，储藏间　个，娱乐间　个，视听室　个，车库　个

14. 是否需要摆放书籍、收藏品及展示品：

A 是　B 否

15. 您喜欢的颜色：

A 红　B 黄　C 蓝　D 绿

E 紫　F 白　G 灰　H 粉

I 其他（请说明）

16. 您喜欢的家具材质：

A 人造板　B 实木　C 布艺　D 其他

17. 您希望您家的厨房是：

A 封闭空间　B 开放空间

18. 您计划装什么空调：

A 中央空调　B 挂式分体空调

C 落地柜机空调　D 新风系统

19．是否有饲养宠物需求：

A 有　　　　　　　B 无

您的装修要求：（尽可能将您的想法和对未来家的装修要求填好，越详尽越好）

____

____

____

填好上述材料，请交给服务于您的设计师，我们将根据您的需求为您提供优质、高效的服务。

第四节

室内设计师的自我营销

他山之石

某设计师参加了家装改造节目《梦想改造家》，大刀阔斧地将南锣鼓巷中原本拥挤狭窄的五口之家重建成集烹饪、洗浴、会客、休息等功能于一体的二层小别墅，还顺手改造了四合院中仅有的6.8m^2，被称作“史上最小学区房”，也因此收获大量粉丝，一炮而红，成功地将自己推销了出去。

家装公司的设计师小刘是一位十分优秀的设计师，签单率一直不错，公司组织的客户回访中，小刘的客户满意度也是比较靠前的。但是他的一位客户王先生在签单后的第二天来公司退定金。小刘百思不得其解，整个谈单过程非常顺利，客户对设计方案也十分满意，为什么过了一个晚上就要退单了呢？客户来退单时小刘和设计总监一起接待了他。在沟通了解后，客户十分有诚意地说：“其实我对刘设计师的设计理念是比较认可的，但是我昨天回家后登录了你们公司网站，竟然没有关于他的介绍，也没有查到任何他设计的作品。所以我觉得应该换一个更有经验的设计师。”

自我营销，就是一个将自己推销出去的过程。作为一名室内设计师，你需要清楚自己的设计核心卖点在哪里？你跟同行业设计师的差异化在哪里？你服务过什么样的客户？你擅长哪一种设计风格？你有什么典型案例？展示自己很有必要，因为客户很关注这些事项，这些是他们从众多设计师当中选择你的重要参考依据。

一、身份定位

室内设计不同于艺术品设计，客户的资金预算影响着报价，客户的审美需求决定了设计风格，公司的盈利要求制约着成本核算，所以单纯地追求设计效果只能走艺术家路线，与室内设计师以满足客户需求为出发点的工作内容不匹配。

一个成功的室内设计师必须拥有多重身份，谈单过程中他们是销售，设计过程中他们是设计师，施工过程中他们又成了施工监理，总之，在不同的阶段有不同的作用。

如果对设计师的这几个角色在时间轴上进行划分，销售在先，设计师居中，最后才是施工。从中可看出，营销任务首当其冲，没有营销或者说没有设计，一切后续等于零。设计要为签单服务，签单不在设计，在营销。如果将室内设计师作为一个职业或将室内设计作为毕生奋斗的事业时，那么请对你的认识进行重新定位：从今天开始，不妨试着用更多的时间和精力考虑如何与人沟通，如何服务客户，如何提升营销技能。

设计师说

经营好自己的职业生涯

在商业化运作的家装公司，最重要的工作就是树立专业性，打造品牌——“自己”。也许有些设计师不以为然，最重要的工作不是签单吗？所以签单才是王道。拿下单子固然重要，但签单后的服务工作才是我们营造个人品牌、扩大影响力的好机会。遗憾的是，经常看到还有一些设计师存在重签单、轻服务的现象。在客户还未签单时，对客户百般关怀。而当客户签单之后，则失去了原先的热情与真诚，在后续的方案设计、施工协调和跟踪服务中消极怠工，装修结束后非但朋友没做成，还招致了客户的投诉和指责，给公司、本人的整体形象都带来了负面影响。

设计师之所以能称之为设计师，并且在以后的职业生涯中越走越好、越走越顺，很重要的原因就在于专业性，以及对人、对事负责任、守信诺的态度。

品牌是积累的结果，当为客户提供了让他满意的服务时，你可能就积累了“粉丝”，千万不要低估客户的口碑，他向别人的随口推荐，都可能比你尽力做的其他广告更有效。

当今时代，学习资源极大丰富，掌握设计的技巧并不难，只要不断学习即可，对于设计师来说，更需要做的就是让客户找到你，信任你的实力，愿意让你为他做有品质的设计。所以珍视每一次为客户服务的机会，从内心深处真正建立客户基础，并重视这些客户。

二、个人品牌塑造

个人品牌是指个人所拥有的外在形象和内在修养所传递的独特、鲜明、确定、易被感知的信息集合体。而这个评价反映到品牌的拥有者身上，就是给拥有者带来溢价、产生增值的无形资产。

1. 个人品牌定位

要建立个人品牌，必须进行个人品牌定位，也就是对自身有一个清醒的认识，只有这样才能有效打造个人品牌。不专注于某个特定的利益点而塑造自己的品牌是困难的，也不是很有效，所以室内设计师必须找准自己的利益点市场。可从以下两个方面进行：

（1）对自我进行观察。什么是有意义的？做什么事情的时候最开心？做什么事情的时候最痛苦？

目的：找到自己隐秘却最为关键的兴奋点。

（2）发现自己的优势。区分天生优势与后天能够学会的东西；区分才能、知识、技能与暂时拥有的资源。

目的：找到核心竞争力，特别是职业价值定位。

可用SWOT分析工具来分析个人优势与劣势，以及外部环境的机会与威胁，并以发挥优势、弥补劣势、抓住机会、规避威胁为原则，选择最佳职业定位。

2. 个人品牌识别

首先是视觉识别，建立独特的个人形象。因此，形象需要与身份匹配，根据个人品牌定位设计相应的个人形象，如发型、服饰等。

其次是理念识别，每个品牌都有自己的理念。当然，这里的理念指的是价值观层面上的主题，换句话说，你想通过个人品牌实现什么？

3. 个人品牌传播

如何让别人知道我们，除了亲力亲为地服务好每一位客户，获得客户的转介绍之外，一些主流网站和社交媒体对于品牌的塑造、推广都十分有用，例如朋友圈和抖音就是目前较为推荐的自媒体营销媒介。

（1）朋友圈。互联网时代，朋友圈就是一个小媒体，也代表了自己个人的气质，那么，利用朋友圈进行营销有哪些原则？

第一，创造价值。精心组织有价值的内容，让别人觉得你的朋友圈信息有用、有趣、有价值，确保不会使人产生厌恶。减分的做法是广告群发，这样很容易导致被屏蔽或拉黑。

第二，打造立体形象。销售的本质是对人的信任，基于此，在朋友圈里，真人要适当出镜，适当体现自己的生活，这样才能加深客户对你的理解与信任。

第三，发布内容。可以遵循以下比例：通识类内容30%（增强朋友圈的阅读性）、客户喜好类内容40%（增加粉丝的黏度）、专业知识类内容30%（树立设计师形象及广告推广）的原则。注意，不要刷屏，不要发负能量的内容，能用贴近生活的软广告就不要发冷冰冰的硬广告。

第四，转化用户。及时关注朋友圈信息，通过私聊进一步提升用户的信任，加深认可度，促成最后的签单。同时，做好后续跟踪，进一步提升用户的好感度，获得更多转介绍。

（2）抖音。抖音平台提倡“记录美好生活”，对各行业都进行了细分，基于此，室内设计师在抖音上的推广应采取受众用户喜闻乐见的形式来表现专业性。可以从下述几个方面入手：

① 专业知识方面。大多数人刷抖音都是在茶余饭后的时光，在面对非固定受众面的推广上，素材选取落脚点应以家装小知识分享为主，文案设计宜采用通俗易懂的非专业化语言。如“家里的基本尺寸你都记住了吗？”“3m^{2}阳台这样装才五脏俱全”“公主房这样装住到出嫁也不嫌过时”。这些都是很好的素材，简短的几张图片或视频在解决具体问题、分享

相关知识的同时，也从侧面体现出一个设计师的专业素养。这里要注意的是图片和视频一定要具备较高的质量，要带给人美的感受。

② 工作日常方面。寻找设计灵感、量房制图、客户回访等，体现设计师的敬业与专业，得到客户认可，并体现高品质设计的必要性。

③ 办公室趣事方面。记录一些健康、积极、正能量的办公室日常画面，向外传播设计师生活化的一面，对塑造设计师的立体形象、引起用户共鸣、拉近与用户的距离具有潜移默化的作用。

设计师说

设计师如何打造自己的朋友圈？

互联网时代，微信朋友圈成为很多室内设计师、业务员营销签单的工具和展示专业能力的重要平台。通过客户的朋友圈，还能了解客户的动态、爱好等。这样就有了更多的话题，也可以进一步了解客户的生活方式，从而为设计服务。

作为一名设计师，如何利用网络宣传自己，打造自己的朋友圈呢？可以这样来考虑：客户能否在朋友圈学到有价值的东西？内容是否有助于增加客户认知和信任？能否给大家带来正能量？是否对客户有帮助？能否带来互动？

朋友圈可以适度展示客户的认可、加班学习的收获、代表作品或者发布一些对客户有价值的专业知识。比如，分享新房验收小知识、新房搭配小技巧、如何净化室内空气等。

在朋友圈分享的图片、文字，都在向大家展示我们的兴趣爱好、能力、特长，甚至情商，是一个新型的“自我经营”平台。每条朋友圈，都是在自我营销，构建“自我品牌”。作为设计师，应该学会经营自己的朋友圈，让朋友圈既保持纯净，又能为签单提供帮助。

三、用好工具让谈单更有效

一个好的工具，胜过设计师的千言万语，节省时间，提高可信度，让谈单效果事半功倍。

1. 已经有过的成功案例

在与客户交流中适当和适时使用已经成功的案例，是使客户信赖你的设计能力的有效方法之一，一个成功案例本身就足以证明你曾经成功签单，证明你是有经验、有实践能力的设计师。最有效的成功案例是来自与客户类似或熟悉的人（例如：同一小区、同一楼宇，客户熟悉或了解的小区、户型、生活方式等）。公司的作品集、设计师个人作品集、客户集、量房设计指标书、家装调查表、公司工程名录，以及客户的感谢信、样板房等，这些都是很好的沟通工具，甚至一套详细的其他客户家装解决方案也能起到很重要的作用。

当客户知道某些类似他们的人也请你做过设计并接受了你的服务时，他们会受到很大的影响。当某人一听到认识或尊敬的人已经跟你签订了家装合同，他通常会立刻做出相同的决定。假如另外一个类似他的人会满意，那么他一定会满意。但是把握适当和适时更重要，一定不要让客户感觉你是吹嘘或抬高自己。

同时，设计师还应当收集一些反映“家装不环保给人身造成伤害的案例”“不规范家装公司坑害消费者的案例”或“客户图便宜结果把房子装修砸了的案例”，把这些刊登案例的报纸收集装订好，作为说服客户的反面案例。

2. 正在施工中的工地

工地营销的开展要特别关注细节，要从硬和软两个方面来进行。硬，包括工地包装，一般是工人的服装 、工牌，现场的施工铭牌、施工铭文，还有企业LOGO展示、企业当期促销信息等。软，包括工人接待客户的态度、用语，以及对客户进行的企业介绍的规范等。值得注意的是工地营销要建立在精湛的施工工艺、优秀的工地管理水平的基础上，所以以节点验收、开工仪式、完工仪式三个时间段为佳，在组织客户参观工地之后，尽量让客户回到公司继续谈单。

3. 最近的设计方案图纸

这是设计师都认为最能够影响家装客户的一种方式。当你和新客户打交道时，拿出一套或几套设计方案和能证实你设计或服务价值与品质的实景照片或客户名单、小区地址，是在为客户提供一种信赖感。

有的设计师在完成一个大型住宅区内某个客户的家装设计方案或家装工程后，假如获得客户的赞誉，这时，有经验的设计师就会把这次工程当成杠杆，携带着家装客户的图纸文件和赞美函，一家一家地在该小区继续和其他家装客户签单。

但是，千万记住，一套作品只适合一个客户，不要拿一个作品去配套其他的客户，家装设计方案因为有个性才有价值。

4. 发表的作品、获奖作品、个人文章或设计心得

一些设计师把这些视为荣誉，其实这些也正是你设计思想、实力和可信赖的证明；知名度体现一个人在公众面前的勇敢与形象，体现一个设计师被社会承认和接受的程度。不炫耀，但是要让客户知道，这也是交流的技巧；过度炫耀会吓跑客户，太有名气也会使客户和你拉开距离；已经发表的作品不要再用在目前的客户设计方案中，即使客户强烈喜欢和赞赏，也一定要为他的生活另外设计。

5. 网络宣传

随着计算机和互联网的日益普及，越来越多人习惯在网络上搜索信息，甲方和业主们寻找设计师合作也不例外，网络推广成为客户认识和了解设计师的重要途径，为设计师带来更多的客户，例如公司网站、个人网站、新闻、论坛、博客、帖吧、百度百科、百度问答、微信朋友圈、抖音、公众号等。

要想提升自己的网络影响力可以从以下几个方面着手：维护公司对外宣传网站，及时更新个人简历、照片、代表作品等信息；建立设计师个人网站，通过发布简历、成长经历、获奖情况、设计作品、个人动态和个人职业感悟等方式进行包装宣传；开通设计博客，打造特色朋友圈；撰写稿件投放到专业网站；注册室内设计相关专业网站，发布设计帖并及时更新；创立个人微信公众号，介绍家装知识、配套知识、经典案例等，提高转发量，进而推广自己。

设计师签单必备资料备忘录见表2-3。

表2-3　设计师（业务员）签单必备资料备忘录

客户关心的内容	设计师（业务员）需要准备的资料	可以解决的问题
这家公司是否正规？这个设计师（业务员）水平怎么样	公司简介及个人名片	印证公司实力、介绍自己
	公司营业执照、税务登记、行业资质等	展示公司资质和员工素质水平
	公司业务、设计、施工、监理等各团队介绍	增强客户信心，提供客户优选服务
	企业优势介绍	针对客户对比心理，消除客户担忧
	成功案例、作品集、网络宣传介绍等	证明设计师专业水平
公司流程什么样	公司业务流程介绍表	介绍流程
	设计权益保障书	明确客户交纳定金后获得的权益
报价是否有水分	常规报价单	体现公司正规，消除报价担忧
	公司设计服务模式及收费标准	方便客户选择设计标准，更具说服力
材料怎么样？施工质量如何？管理是否规范	材料清单保障书	标注材料型号、规格、代码等
	公司辅料用材的权威机构检验报告	证明材料的品牌和环保性，打消顾客顾虑
	工程验收标准	体现公司规范，让客户对工程质量放心
	质量标准、行业质量标准	体现公司规范，让客户对工程质量放心
	工艺细节介绍	体现公司独特细节
	工程管理流程	强调公司工程规范管理
	行业权威媒体报道新闻，尤其是关于装修污染、施工缺陷	形成对比，提高说服力
售后服务怎么样	施工合同范本	方便客户了解合同内容
	售后服务保障	有保障，无后顾之忧
其他	公司附加增值服务（银行装修分期付款相关政策等）	为客户提供尽善尽美的服务
	洽谈备忘录	提醒和查阅未尽事宜

知识训练营

1．3~5位同学一组，分组模拟一个客户接待的场景，人物、客户身份、地点、阶段自行设定。

2．每位同学上台发言3~5分钟，谈谈作为未来的室内设计师，应当从哪些方面提高自己。

设计师日志

人物介绍 | 廖峰，赣州市上犹县人，中共党员，毕业于国开大学建筑施工管理专业，江西财经大学EMBA在职工商管理硕士，××装饰公司创始人，江西环境工程职业学院客座教授，赣州市摄影家协会会员，赣州市犹江商会发起人、常务副会长。

设计师对谈单的认识和其他跟设计谈单有关的话题

“谈单”不是设计师的专属名词，是所有以成交为目的的经营活动的标准流程，是新手设计师不得不面对的话题，没有“谈”哪有“单”？没有“单”哪有作品？所以，我想从以下几个方面和大家说说“谈单”。

1. 角色定位

从学生到设计师，不是简单的称呼变了，而是一次重要的人生转折。我经常和带过的实习生说：“从你跨出校门的那一天起，没有人会像学校老师一样容忍你一次又一次的失误，给你补考再补考的机会，每一次失误都得你自己买单。”

初学这个专业的时候，肯定有自己的偶像或者确立过自己的榜样，老师也会介绍很多在专业上有成就的设计大咖，欣赏过他们堪称艺术的优秀作品，从此你心中已经有一颗充满艺术梦想的种子，幻想着自己成为艺术家的样子，行为处处都模仿艺术家的范儿，但是你要知道艺术家和设计师的区别，或者说从设计师到艺术家有多长的路要走。

其实，对于设计师来说，每个阶段都有对应的瓶颈期，处理得好，便可以找到事业新的发展突破口，取得更大的成功，但是也有很多人在这个时期放弃了破开重围的努力，从而导致职业生涯的搁浅，甚至倒退。对于此，我想说不管是瓶颈期还是迷茫期，只要你原地不动，那么你那就不叫瓶颈，那是瓶底。突破瓶颈的唯一办法就是主动要求做更难的事情，主动学习，反复做自我魔鬼式练习，重塑自己，做高级的输出。

2. 心态

很多设计师惧怕谈单，认为谈单是商务的事，设计师只要把图画好、把设计做好就行，这样的理解非常片面。开篇说过“没有谈哪有单”，你没有直接跟客户接触又怎么能把你的作品设计理念阐述给客户？经过传输的信号都有放大或减弱的可能，更别说客户的想法和设计师的理念了。

所有的设计作品乃至艺术作品都有其蕴含的灵魂，俗话说：“外行看热闹，内行看门道”，大多数客户都是外行人，在信息高速传播的年代，外行人很容易被一些片面知识和别人的设计误导，未能完全理解他的房子为什么不能这样设计，而我们为什么要这样设计，都需要在谈单的过程中用专业知识讲明白，充分阐述设计思想和理念。

不想谈单的设计师往往觉得自己专业知识不够，底气不足，也有设计师天生就不爱说话，还有就是把自己当成科研工作者，更多的是没有克服恐惧心理和不愿意突破自己，不敢面对自己的弱点，最终的结局就是改行或者做一个绘图员。作为设计从业者，一定要自信地做到在客户面前我们就是专家，在专家面前我们是虚心求教的学生。

设计师，特别是家装设计师，我们的工作就是把客户的想法通过专业知识呈现在客户的房子里，使空间利用更合理、动线更流畅、收纳更整洁、细节更人性，不要为了炫耀设计而设计。让客户在现有居住条件和生活品质的基础上得到质的提升，能满足客户5～10年的发展需求，实现他阶段性的幸福向往，这就是家装设计师的角色初心。

3. 树立专业形象

人是视觉动物，设计师并不是说要穿着华贵，标新立异，而是要穿着得体，大方。通过衣着包装摆脱学生形象，彰显成熟稳健，让客户放心地把家交给你。

4. 为成交而谈

谈单的目的就是为了成交。

很多书籍都介绍过谈单的流程、谈单的方式、谈单的礼仪、谈单的座次等，这些都是成交的因素，这里只想和大家分享谈单的内容，即该谈什么。自我介绍、设计理念、用材用料、工艺质保这些都是必须要谈的方面，但是这些都不是重点。

陌生人见面最重要的是打破尴尬，避免沉默，俗称“破冰”。一场没有破冰的交谈一定是充满着尬聊的场景，沉默、故意找话题在所难免。试想一下这样的场景：设计师拼命推销自己的设计方案，宣传公司的用材用料，一遍一遍讲解自己的设计理念，一次一次降低价格底线，口水都讲干了，客户的回答只有一个字“嗯”，两个字“嗯嗯”，最后回答五个字——“我考虑一下”。因为这个时候客户心里有一个声音在说：“你说那么多我为什么要相信你?”

沟通才是谈单的核心，互动才能拉近彼此的距离，动心才有消费的欲望，信任才能达成平等的交易。

人物介绍 | 俞欣：广州××装饰公司设计总监，2011年于清华大学进修，空间研究师，黎明大学讲师，丰良（国际）艺术学院讲师，中国杰出青年室内设计师，国家注册高级设计师，CIID室内装饰学会会员，IFDA国际室内设计师协会注册高级设计师，全国住宅装饰优秀设计师，作品多次刊登于设计刊物，十余载设计，荣获多项专业设计奖。

设计师的一切要有序

空间因人而存在，而我们设计师的存在是为了促进空间与人的关系。一个与人有着通性的空间，能加强与亲友的沟通，强化彼此间的亲和力……这些都源于空间，源于设计师笔尖之下的创意。

设计是智力加技术的服务，通过观察、分析、沟通，认识客户的显性与隐性要求，去规划、构思，带着足够的信息进入设计阶段，提交一个适用于客户的设计方案；不仅要创造、探索所有可供选择的想法、完成与客户所商定的一切计划，且要高效而有力度地说服客户。在多重环节中，我们应让客户直观地认可设计，就必须有一个深思熟虑的规划，并做出有效的努力。内心坚如磐石、柔似流水般地渗入设计生活，不要热衷于“超级想法”，选择合理而有秩序的方法，让人们认可我们的设计。

设计洽谈中的五个方面：设计沟通，建立信任，设计规划，设计营销，优化自我。

1. 设计沟通

设身处地：设计沟通的目的是挖掘客户的需求。设计师应清楚地认识到从与客户谈论的内容中“获取”客户想实现的显性需求、客户无法说清楚的隐性期待，这并不是一项简单的工作，也不是几个小时就能实现的，这需要设计师设身处地融入客户的“生活”中，并做好“持久战”的准备。在这个过程中，设计师应努力寻找与客户的共性，尽力与客户同步，让客户在短时间内认可我们；要渗透到客户的生活中，跟踪过程中创建客户黏度，让他无法抗拒。

甲乙方良好的关系：不要产生错觉，“我喜欢”是设计师最危险的字眼，谈单中应注入感情，又得抽离出来。好比旅游，有丰富的常识能够有助于完成旅行，但不要把自己当成是当地人。理解客户做出令人困惑的决定，不抱怨，不抗拒。

参与感：谈单中设计师应让客户从旁观者变为参与者，当客户不同意我们的观点时，让他参与进来发现疑难点，提出解决方案，并且肯定他的建议。于是他会不自觉地认同他自己参与的方案，甚至在朋友提出异议时主动反驳，捍卫我们的设计。比如在谈方案时提供多支笔，引导他在方案上写、画，表达他的想法。

角色定义：室内设计师是居家作品的幕后工作者，目的不是创造作品，而是打造适合客户的家。设计师要置身于客户的角度，把客户看成是与你互敬的工作伙伴，要和客户深度互动，了解客户的生活习惯和思维方式，让客户感觉你越来越懂他们，把设计的过程深化到高端定制的过程。

2. 建立信任

在与客户接触初期，有条理、有节奏地引导客户，建立信任，才能达成合作，实现共赢，积极回应。

信息回应：第一时间响应客户的信息，做恰如其分的热情者；与客户见面表露自己的积极和稳重感，切勿功利、迫切；积极回应，一点一点建立信任，慢慢来反而会比较快达到目的。

同步：用身体动作、言语与客户做回应；通常只认知到语言同步，而表情、思维方式是较重要而又常被忽视的信息。根据心理学，在人们的沟通中，只有7%的信息是通过语言传递的，声音里的情绪本身能传达38%的信息，而55%的信息是通过表情传递。当我们的身体、语言、表情、情绪统一起来会产生很大的影响力，会在不知不觉中影响客户对我们的直观感受。面对谦虚、傲慢等不同的客户，用同步方式将态度异常的客户引导到正常有序的轨道上。

似曾相识、共同烦恼：有时遇到新认识的朋友会觉得投缘，常常是因为有共同的经历，所以最快建立共识和信任的方式就是有共同点。比如喜欢的服装搭配、共同去过的旅行地或痛点，都能产生共鸣。

思维方式：做事简洁明快、干脆利落，处理问题要有针对性，而不是绕圈子。

3. 设计规划

培养合作关系：设计方向用概念资料与本案例关联起来，快速获取客户的喜好；向客户阐述概念，通过设计案例等让客户了解并对项目的进展感兴趣，再深入观察、周密规划，提交可圈可点的方案，快速达成合作；不要在没有和客户达成一致之前提交设计作品，你也许喜欢独立设计，可没有客户参与的作品是极大的冒险行为。而在获取认可后制作的方案，只要小的调整就可能让客户满意。

漏斗方法：面对客户许多要求、问题和各种可能时，通过判断，将这些问题都汇聚在一个漏斗中，让需求变得明确。不要误以为给客户的选项越多代表服务质量越高，误以为是增值服务，实际是对自我设计不自信的表现，客户反而质疑你的设计能力。正确的做法是关注最终的目标，缩小选择范围，在精炼中转向细节处理。好比定好旅行的地点，才能确定日期、酒店，方能出游。要向客户提供最直观的方案，让客户做精选。

管理好客户的预期：对设计能力和所能做到的事情不要做过度的虚夸，否则自己将陷入麻烦；处处从客户的角度考虑问题，努力达到预期的结果，产生共鸣，客户关注的也就越多，让客户转变成你忠实的支持者；不要向客户承诺你无法实现的东西，多做沟通，让客户了解每个环节，他会感觉轻松，放下戒备心理（客户将工程交付于我们，对他们来说并非轻松的事情）。

创意实践，井然有序：先完成，再完美。过于充裕的时间很容易造成负担，产生犹豫不决、焦躁，可能会产生抗拒而影响设计思路。不要让项目设计停滞太久，否则可能灵感会消耗。在整理自己的想法时磨磨蹭蹭花几天，可能只有那几个小时的头脑风暴才是有效的。给自己定一个期限，促使自己养成习惯，记录好的想法，然后完善不同的创意，完成有效、高质量的成果。

高效：接受且欣赏在项目设计中的时间、其他条件的限制；客户期望我们能给出全力打造的设计作品，不要给自己留过多的时间，甚至享受这虚假的舒适感，不要用过长的时间完成拖延的工作；定制时间反推方式，让自己有紧迫感，一年中做多少项目，一个月完成多少事，用反推形式粉碎自己的幻想，越快完成设计，客户就越满意，此外，也能借此吸引其他新的客户。

暂时的漏洞，及时的惊喜：赋予设计灵魂故事化，将设计理念贯穿到客户的生活中，通过了解目标，发现阻碍，到努力改善，保留一两个点子，作为第二轮的起点。当向客户阐述方案时，在客户意外的情绪中推出更深入的方案，让客户在可能质疑首个方案时得到惊喜。

4. 设计营销

文案预演：做好创意文案后团队探讨，将设计方案有组织性地向同事阐述一次，能让自己更加熟悉、理解设计，获得意见，很有可能是方案的催化剂。简单的预演确保流畅性，避免动作、语言误导客户，也避免发生错误。

有节奏、科学地跟客户谈：如何加深客户对自己的印象？如何提升自信心？如何谈话能有理有据，引领客户，而不是跟着客户走？如何将方案生动地阐述而不生硬？外部工具：形象，肢体语言，气质；参考案例，材料，报价，户型图，品牌，质保。内部工具：谈吐，语言逻辑水平，阅历丰富的人可以判断出说话对象的语言逻辑水平，语言逻辑体现个人真实水平的判断；认知：对自己所从事的这项工作的理解。不限于设计技术的理解，更应是对居家生活及人与人的情感技巧的理解；耐心：这是最容易被忽视的重要工具，不要被情感控制，冷静应对。

技术营销：专业=营销+技术+创造。设计师要有能力发现客户的需求，又能有节奏地逐步影响客户，达到互惠互利的效果。额外的帮助：人与人交往会存在一个“互惠”的心理机制，接受别人善意的人会不自觉地去回报。给客户一些差异化的价值和帮助，让客户得到重视，感觉到我们的用心；自曝其短：适当在客户面前示弱，让他在潜意识里关注我们，拉近距离；开发你的直觉，并领先客户一步，满足客户的每一个期待。

说服客户，别在拼情感的时候拼价格：只有天赋并不够。如果客户否决，富有奇思妙想的方案能实现吗？事事要有准备，不要把随意用在客户对专业的信赖上，假如是一场面试，逻辑混乱、没有归纳总结，只是苍白地描述自己的直观感受和应激反应，你觉得能被录取吗？不要在该拼感情的时候拼价格。前期不要过多提成本，用一套打动客户的案例，在客户心里播种，结出感性的果子，此时的价格就变得有弹性了。

5. 优化自我

对细节持谨慎态度：不仅是因为细节可以非常精致漂亮，更是因为细节有强大的说服力。除了观察、规划、想法和勤劳，设计师更要对细节问题刨根问底，仔细检查图纸、预算。

客户跟进：不仅注重短期目标，更要注重长期的发展和回头效益，要妥善保管笔记和客户信息，将客户信息（联系方式、客户性格特征等）保存好。

建立关系的价值：朋友、客户、同行，在大家印象中占据稳固靠谱的位置，让其在各个圈子传播，并得到认可。

学习：无论你学到了什么或者你完成了多少项目，仍然有无数的机会去体验、去学习并成长；努力追求作品质量，要求越高收获的就越多；善于总结、累积优势，接触不同客户，累积越多，专业度越高。

做一名有条不紊的设计师，有序可以让客户更直观地感受设计，有序可以让自己不断做出有效的作品；不要热衷寻找“超级想法”，要选择合理的方式展现自己。

03 第三章

客户分析与精准施策

教学目标

知识目标

1 了解装修客户需求层次分类。

2 掌握装修客户需求分析方法及手段。

3 了解不同类型、不同性格、不同心态、不同地域装修客户的消费心理。

4 了解影响客户签单的主要因素。

能力目标

1 能通过调查问卷和访谈等形式收集装修客户需求。

2 能根据装修客户基本情况进行客户需求分析。

3 能对不同性格、不同心态、不同地域装修客户的消费心理提出针对性解决措施。

素质目标

1 具有较好的学习能力、表达能力、引导能力、聆听能力、分析能力。

2 能运用自己所学和掌握的知识及各种技能解决实际问题。

思政目标

1 掌握精准思维的要义，培养坚持实事求是、精准施策的工作态度。

2 了解马克思主义矛盾学说，善于抓主要矛盾。

思维导图

客户分析与精准施策
客户需求
客户需求层次
基本功能需求
安全需求
社交需求
被尊重和敬仰的需求
客户需求分析方法
表层需求与深层需求
表露需求与隐性需求
真实需求与假性需求
底线需求与追加需求
客户需求分析
性别
年龄
兴趣爱好
文化层次
职业与职务
置业次数
家装用途
装修日期
客户消费心理分析与施策
一般消费者心理特征
从众心理
求异心理
攀比心理
求实心理
不同性格客户消费心理
感情冲动型客户
沉着稳健型客户
沉默寡言型客户
优柔寡断型客户
多疑谨慎型客户
不同心态客户消费心理
积极型
悲观型
务实型
影响成交的主要因素
客户因素
客户本身因素
客户参谋因素
客户经济因素
公司因素
设计师因素
价格因素

对室内设计师来讲，要立足市场，赢得客户，最为关键的是发现和洞察客户的需求，把握客户的真实需求是设计方案、签单成功的关键。

第一节
客户需求

他山之石

一位老太太去买菜，路过四个水果摊。四家卖的苹果相近，但老太太并没有在先路过的第一家和第二家买苹果，而是在第三家买了一斤（500克）苹果，更奇怪的是在第四家又买了两斤（1000克）苹果和三斤（1500克）橘子。

摊主一

老太太去买菜，路过水果摊，看到卖苹果的摊主，就问道："苹果怎么样啊？"

摊主回答："我的苹果特别好吃，又大又甜！"

老太太摇摇头走开了。（只讲产品卖点，不探求需求、都是无效介绍，做不了单）

摊主二

老太太又到一个摊位，问道："你的苹果什么口味的？"

摊主措手不及，说道："早上刚到的货，没来得及尝，看这红润的表皮应该很甜。"

老太太二话没说扭头就走了。（对产品了解一定是亲自体验得来的，亲自体验感受出的才是卖点。只限于培训听到的知识，应对不了客户）

摊主三

旁边的摊主见状问道："老太太，您要什么苹果？我这里种类很全！"

老太太："我想买酸一点的苹果。"

摊主三："我这种苹果口感比较酸，请问您要多少？"

老太太："那就来一斤吧！"（客户需求把握了，但需求背后的动机是什么？丧失进一步挖掘的机会，属于客户自主购买，自然销售不能将单值放大）

摊主四

这时老太太又看到一个商贩的苹果，便去询问："你的苹果怎么样啊？"

商贩答道："我的苹果很不错的，请问您想要什么样的苹果呢？"（探求需求）

老太太说："我想要酸一些的。"

商贩说："一般人买苹果都是要大的甜的，您为什么要酸苹果呢？"（挖掘更深的需求）

老太太说："儿媳妇怀孕了，想吃酸的苹果。"

商贩说："老太太您对儿媳妇真是体贴啊，将来您儿媳妇一定能给您生一个大胖宝宝。

（适度恭维，拉近距离）

几个月以前，这附近也有两家要生孩子，就是来我这里买苹果。（讲案例，第三方佐证）

您猜怎么着？这两家的宝宝都白白胖胖，好可爱啊！（构建情景，引发憧憬）

您想要多少苹果？”（封闭提问，默认成交，适时逼单，该出手时就出手）

“我再来两斤吧！”老太太被商贩说得高兴了。（客户的感觉有了，一切都有了）

商贩又对老太太介绍其他水果：“橘子也适合孕妇吃，酸甜，还有多种维生素，特别有营养。（连单，最大化购买，不给对手机会）

您要是给儿媳妇来点橘子，她肯定开心！”（愿景引发）

“是吗？好，那就来三斤橘子吧！”老太太说。

“您人可真好，儿媳妇摊上了您这样的婆婆，实在太有福气了！”（适度、准确拍马屁，不要拍偏）

商贩称赞着老太太，又说他的水果每天都是几点进货，天天卖光，保证新鲜。（将单砸实，让客户踏实）

要是吃好了，让老太太再过来。（建立客户黏性）

老太太被商贩夸得开心，说道：“要是吃得好让朋友也来买。”提着水果，满意地回家了。（老客户转介绍新客户，客户满意，实现共赢）

人是室内装饰设计的主体和服务目标，人的需求决定室内设计的方向，准确把握客户需求有助于提升设计效率和质量。

客户需求指广泛和深入地了解客户的实际需求，从而帮助企业做出正确的决策。不管是经济低迷还是高涨，企业的生存发展都应该始终以客户需求为导向，也只有以客户的需求为导向，不断完善业务的发展方向，才能赢取更多消费者的青睐，提高客户满意度。

如果没有研究客户的真实需求，盲目采取行动，就像案例中摊主一，根本不知道客户需求，如何能够成单？案例中的摊主二知识匮乏，对自己的产品没有足够的认知，谈单过程中就少了底气和谈资；摊主三虽然了解了客户的基本需求，但没有对需求做进一步分析，未找到需求背后的真实动机，单子做不大；摊主四是谈单过程中需要借鉴的典型，他不仅及时了解了客户的需求，还通过询问的方式进一步了解了需求背后的动机，且适时采用“夸客户”的方式拉近关系，从而为进一步联单做好铺垫。愿景的引入出神入化，客户都是希望眼前有一些美好的憧憬的，你给他一幅美好未来的憧憬画卷，无疑已经让他认定你和你的方案，即使有所不妥，客户也会及时提出解决方案，进一步促成交易。最后，即使成单了也不要忘记建立客户黏性关系，为将来获取更多业务机会做好铺垫。

一、客户需求层次

客户的经济条件和文化层次不同，家装需求也有所不同。人们总是在充分实现底层家装需求后，才考虑更高层的家装需求。这里参照马斯洛的需求层次论，建立一个“家装需求

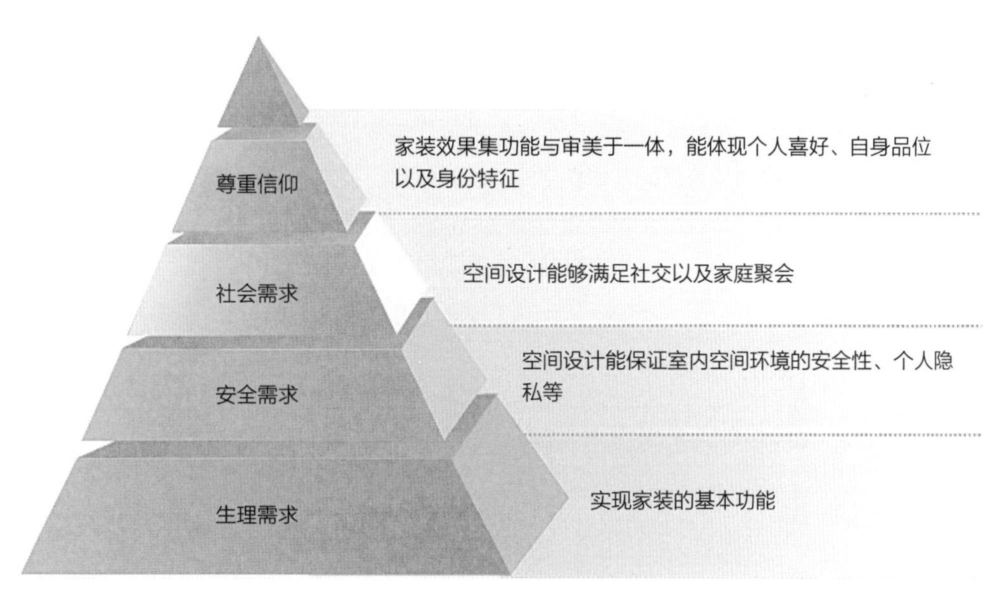

图3-1　家装需求层次图

层次图”，如图3-1所示。

1. 基本功能需求

家装的空间功能性是人们所追求的第一个层级。客户对家装的基本需求如下：室内空间宽敞；具备做饭、就餐、洗浴、如厕、睡眠、会客、休闲等功能；冬暖夏凉，住得舒适；室内采光良好，照明完善；防盗、隔音、私密效果好，不被干扰；物品各有储藏，不杂乱无章等。

2. 安全需求

室内环境的安全性直接决定了家庭生活的幸福指数及舒适度。现代家装不仅要满足基本功能的实现，更要考虑到客户在家装安全方面的需求。具体要求见表3-1。

表3-1　家装安全要求

安全点	要求
室内空气方面	甲醛含量的控制，主要注重家装材质的选择，尽量天然、无污染
家具选用方面	有小孩的家庭主要注重家具形状、材质等，避免使用有棱角家具、玻璃制品等
隐私保护方面	卧室、客厅的隔音设计以及双面玻璃的使用
配套设施方面	主要涉及天然气管道、天花板吊顶、厨卫用电安全设计等
其他方面	施工过程中铺线、防水层的设计，注意材料本身的安全性，依据家装实际情况选择合适、安全的材料

3. 社交需求

家庭环境除了作为基本生活所需以外，客户的高层次需求主要体现在室内空间的合理运用，特别是社交需求。家庭本身就应该是聚集家人、朋友或会客的空间，在此项需求过程中，客户更注重空间的功能分区以及本身空间的功能体现。家装各空间社交需求见表3-2。

表3-2　家装空间社交需求

空间	要求
客厅	一般作为会客区，设计师需要深入体会社交需求量大的客户对此功能区的风格以及功能使用的要求，如可用空间是否够大、沙发座位是否够多、先进家电设备的植入等，整个空间给人高端、大气的感觉为宜
客房	部分客户会预留出空间作为客房，客房空间设计需要在体现主人品位的同时最好能够“想”主人所想，尽量设计和布置得温馨、舒适、方便
洗手间	若社交需求量大的客户，公用洗手间的设计也需要考虑，不仅考虑到洗手间与其他功能区风格的统一，还需要考虑到客人和其他家庭成员的需求，如老人、小孩等，需要注意地面防滑设计，地面色彩以深色为主，能够防止因多次踩踏地面出现的污渍造成的不整洁、不美观
其他空间	泡茶室、收藏室等设计风格别致，突出主人的个人风格和品位

4. 被尊重和敬仰的需求

家庭装修理想的效果是能与客户的工作、生活、家庭、娱乐、运动、健康、兴趣爱好统一起来。这其实是客户内心的一种潜在需求，需要设计师注重整体规划。

二、客户需求分析方法

常用室内设计客户需求分析方法有直接法和间接法，如图3-2所示。直接法一般是对客户基本信息表、客户调研问卷的整理分析，见表3-3和表3-4；间接法更多是心理分析法，是设计师通过与客户接触、交谈，对家装客户显性心理和隐性心理的分析。

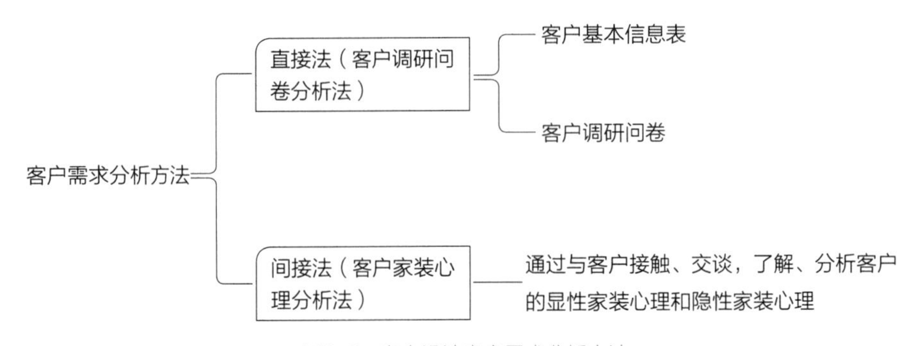

图3-2　室内设计客户需求分析方法

表3-3　客户基本信息表

<table>
<tr><td rowspan="2">客户姓名</td><td rowspan="2" colspan="2"></td><td rowspan="2">联系方式</td><td>设计师</td><td></td></tr>
<tr><td>业务员</td><td></td></tr>
<tr><td>基本情况</td><td>面积</td><td>楼号及户型</td><td>基本风格</td><td>材质</td><td>基本特征</td></tr>
<tr><td>一居</td><td></td><td></td><td>欧式</td><td>胡桃木</td><td rowspan="3"></td></tr>
<tr><td>二居</td><td></td><td></td><td>中式</td><td>柚木</td></tr>
<tr><td>三居</td><td></td><td></td><td>现代</td><td>樱桃木</td></tr>
<tr><td>四居</td><td></td><td></td><td>简约</td><td>白枫木</td><td>备注</td></tr>
<tr><td>复式</td><td></td><td></td><td>后现代</td><td>榉木</td><td rowspan="3"></td></tr>
<tr><td>别墅</td><td></td><td></td><td>—</td><td>—</td></tr>
<tr><td>公装</td><td></td><td></td><td>—</td><td>—</td></tr>
<tr><td>洽谈时间</td><td></td><td>出方案时间</td><td></td><td>常住人口</td><td></td></tr>
<tr><td>量房情况</td><td></td><td>计划投入费用</td><td>万元</td><td>设计定金</td><td>元</td></tr>
<tr><td colspan="6">客户要求</td></tr>
</table>

表3-4　××公司客户调查问卷

为了准确把握您的设计风格，满足您的居家使用要求，为您提供优质、高效的设计服务，我们××装饰的设计师应当对您家庭的基本资料、您的喜好、您的生活习惯等有所了解。我们会充分尊重您的隐私，并保证该调查表仅用于本次的合作范围。

充分了解您，才能满足您的需要，请您理解。非常感谢您的密切配合！

姓名:________________　性别：□男　□女　联系电话：手机________________
楼盘名称：________________　户型:________________　面积：________________
地址:________________　交房时间:________________
居室种类：□平层　□错层　□跃层　□复式　□别墅　□其他
装修种类：□带有初装修　□旧房改造　□毛坯房
预计装修总费用:
1. 您的年龄：□20～25岁　□26～35岁　□36～45岁　□45岁以上
2. 您的学历：□本科以下　□本科　□硕士　□博士
3. 您从事的行业：□IT　□电讯　□贸易　□服装　□鞋业　□房地产　□旅游　□媒体　□金融　□艺术　□教师　□公务员　□科技行业　□医生　□律师　□其他（请注明大概）___

续表

4．您的家庭成员：□父母　□夫（妻）　□女儿　□儿子　□孙子　□孙女　□保姆　□其他________
5．您的孩子年龄：□还没有孩子　□1～3岁　□4～6岁　□7～9岁　□10～13岁　□14～18岁 □18岁以上
6．您喜欢的家居风格：□中国古典风格　□现代风格　□简欧风格　□日式风格　□美式田园风格 □欧式古典风格　□混合型风格　□地中海风格　□其他________
7．您喜欢的陈设品：（可多选） 摆设类：□雕塑　□玩具　□酒杯　□花瓶　□其他________ 壁饰类：□工艺美术品　□各类书画作品　□图片摄影　□其他________
8．您喜欢的家居整体色调：□偏冷　□偏暖　□中性色调　□根据房间功能
9．您喜欢喝：□茶　□咖啡　□酒　□新鲜饮料　□其他________
10．您的洗浴方式：□淋浴　□浴缸　□两种兼有　□其他________
11．您的个人爱好：□收藏　□音乐　□电视　□宠物　□运动　□读书　□旅游　□上网　□其他____
12．您对装修材料的喜好：□玻璃类　□木质类　□石材类　□壁纸类　□不锈钢铁艺　□软装饰 □其他________
13．家庭共用空间数：阳台　个，书房　个，餐厅　个，客厅（起居室）　个，卧室　个，储藏间　个，娱乐间　个，视听室　个，车库　个
14．是否需要摆放书籍、收藏品及展示品：□是　□否 具体列举：
15．您喜欢的颜色：□红　□黄　□蓝　□绿　□紫　□白　□灰　□粉　□其他________
16．您喜欢的家具材质：□人造板　□实木　□布艺　□其他________
17．您希望您家的厨房是：□封闭空间　□开放空间
18．您计划安装什么空调：□中央空调　□挂式分体空调　□落地柜机空调　□新风系统
19．是否有饲养宠物需求：□是　□否
您的装修要求：（尽可能将您的想法和对未来家的装修要求填好） ____ ____ ____ ____ ____ 填好上述材料，请交给服务于您的设计师，我们将根据您的需求为您提供优质、高效的服务！再次感谢！

客户的实际需求大多数可以通过沟通交流和调查问卷的方式确切了解到，但部分客户的真实需求或者隐性需求不会直接通过调查问卷或沟通过程中的语言直接表述，需要仔细聆听，深度剖析，明确客户的真实需求。一般来说，客户的需求有以下几种：

1. 表层需求与深层需求

表层需求一般是指客户家装的日常功能性需求，深层需求则是生活中具体功能的体现。表层需求是所有装饰公司都能做到的，但是对深层需求的挖掘才能够抓住客户，成功签单。设计师在做好表层需求的同时，要想办法挖掘客户的深层需求，通过深层需求打动客户。比如风格与功能之间，风格是表层需求，功能是深层需求，要求设计师掌握客户所需风格，并能够在设计和施工中完全实现风格的同时考虑到功能的体现。家装价位与家装质量中，家装价位是表层需求，家装质量才是深层需求，要求设计师能够权衡家装成本的同时给客户最好的设计方案，顾及家装整体质量和效果。

设计师说

透过现象看本质，学会深挖客户真实需求

经常有设计师问客户想要什么风格的设计，得不到很明确的答案。客户往往会说先做几个方案看看吧，看了方案之后客户再说他哪里不喜欢，不是他想要的，或者他想要什么样的。设计师耗费大量的精力反复修改，却依然做不出客户满意的方案。他们不知道如何和客户沟通，不知道如何才能了解客户究竟想要什么，做设计方案没有灵感和方向。

以上情况，除了专业能力的因素外，多数是因为和客户沟通没有到位，没有找准客户真实需求就急着做方案。

设计师和客户沟通就像医生问诊。通常客户不知道自己真正需要的是什么，医生也不会直接问你要买什么药，我们要通过“望、闻、问、切”，对症给客户“配方开药”。

怎样才能得到准确的信息和了解客户的真实需求呢？

1．给客户出选择题，不要出问答题

选择性提问的方式能快速让客户更明确自己想要的是什么，让客户内心的想法更加具象化。直接给客户选择项，问他更喜欢哪一个比一直讲理念、谈设计风格要更加有效。

2．使用具象的案例供客户参考

经常有客户提出一些比较模糊的观念，比如：我要现代风格！但往往客户理解的现代风格和我们所了解的是有偏差的。建议这个时候可以拿出一些案例图片给客户选择，让“现代风格”变得更加具象。

3．用通俗易懂的词汇表达

设计师不应该让客户感觉到双方的沟通有任何问题。多说几个专业词汇并不能给你的专业形象明显加分。往往设计师讲的一些话，客户听不懂，又要浪费时间去解释，既消磨了客户的耐心，也造成了沟通的障碍。设计师要做的是不要给客户制造困难，特别是对一些非专业客户，尽可能用通俗易懂的词汇去表达。

4. 充分加工处理你得到的客户信息

对各种客户信息进行深度加工，划分层级关系。分析出客户真实的内在需求，设计2~3个初步方案供客户选择。若客户自己也不明确的时候，提出你的建议，供其参考。这样做能有效节省沟通成本，并且体现出你的思考过程。

2. 表露需求与隐性需求

表露需求是指客户自己表达出来的装修意愿。但这往往不完全或者不真实，在表露需求的背后有一个隐性需求，是客户没有说出来的。表露需求就像水面上的冰山，隐性需求则是水平面以下的冰山部分。客户所表露的需求往往很少，且具有很大的不真实性，其内心的渴望就在于隐性需求。因室内设计的专业性，大部分客户难以通过语言或者文字完全表达个人需求，所以设计师应辩证分析其表露需求，仔细体会客户的言行，推断出客户的隐性需求。

3. 真实需求与假性需求

真实需求就是客户真正的内心渴望。在家装谈判中，这种渴望由于受到策略的干扰，有时就会出现不真实的需求。如客户说："我觉得和你们设计师谈价位太不实在，把你们负责人叫过来。"遇到这种情况怎么办？分析客户这种需求真假性：有可能是真实需求，他需要向相关负责人实际了解一下家装价位以及其他相关事宜，看能否给出优惠；也有可能是假性需求，只是想让设计师做出更大的利益让步。

设计师说

从客户说找施工队分析其真假需求

家装谈单过程中，有些客户说想找个施工队装修，这句话应该从两个方面来分析：一是客户确实想找个施工队来装修，二是客户为了谈判有意这么说。

即使客户确实想找个施工队装修，但他理解的施工队装修与现实中的装修有很大的差别，他以为装修公司和施工队一样，施工队还便宜，一切都是施工队去操作，自己也没什么大事，他没有想到自己还要前前后后跟着去买各种各样的材料，等到真正操作后，才知道这并不是自己想要的轻松的装修方式。所以，这种需求也是假性需求。

设计师应该跟客户详细分析施工队装修的实际工作，将相关事项详细介绍给客户，有些客户为了压价，故意说自己想找施工队装修，这是假性需求。还有一些客户说某公司价格较低，你们这么贵，他所透露出来的信息，多半也是假性需求。

4. 底线需求与追加需求

底线需求是客户所表达的签单价格底线，即客户能承受的最高价位线，但实际上客户所能接受的价格底线是围绕设计师出具方案的功能和实际效果上下波动的。所以，设计师对客户能承受的最低价位底线要辩证看待。

有些客户在确定签单价格的基础上，又追加了一些需求，称之为追加需求。如“××元也行，不过你再送一些东西，送一个小鞋柜吧，那也就是几百元的东西，没问题吧？你要送我就和你签单。”追加需求的真实含义就是同意了签单价格，你不加东西，他也会签单，这是客户的心理。设计师在面对客户的追加需求时，要妥善应对，给予对方充分的尊重。

设计师说

可以根据客户洽谈的方式和语气来判断真假底线

若一个设计方案最终的装修费用为15.8万元，洽谈时，客户说自己承受的最高价位是12万元，并且有不耐烦或欲离开倾向，那么这个价位底线就是真底线。若顾客说自己的最高承受价位是13万元左右，这个价位底线大概率是假底线。顾客实际承受价位可能在14万～15万元。部分顾客会先将一个最低价位报给设计师，然后进一步洽谈。

有的客户干脆说：你家怎么这么贵，另外一家报价只要13.2万元。你家如果给同样的价格我就定了。这个也是假底线，只是为了获取更大的利益。

知识训练营

一位40岁左右的中年女性顾客颈、肩不舒服，觉得是枕头不舒适造成的，决定到超市购买新的枕头，预计消费300元左右买一个乳胶枕。不同的乳胶枕价位相差较大，有100元的，也有680元的，甚至标注进口乳胶枕单个标价960元，该女士不知如何挑选，准备随意挑选一个。

导购：女士您好！您是在挑选乳胶枕吗？

客户：是，只是种类太多，价位相差太大，不知道怎么挑了。

导购：女士您好，您为什么一定要买乳胶枕呢？是您自己用还是送人呢？

客户：自己用，这段时间总是感觉颈、肩不舒服，酸疼，有时有落枕现象。

导购：您准备购买大概什么价位的呢？我给您推荐一下。

客户：300元左右吧。

导购：女士您好，您看看这款680元的泰国进口乳胶枕吧，它是采用泰国进口乳胶制作的，天然乳胶，无毒、无污染，造型完全是根据人体工程学设计的，您看它上高下低，而且均匀分布透气小孔，您再按压一下，试试手感，它是慢回弹的，具有记忆功能，柔软透气，枕高完全根据您的习惯而自动保持弧线造型，随时贴合您头、颈、肩部的曲线，让您无论怎么翻转都觉得舒适，有了它，今晚回去您就会有一个甜美的梦……

客户：可是价位也太高了吧？不就是一个枕头吗？

导购：女士，您买枕头的目的主要是舒适，但是您千万不要忽略了健康呀，这个虽然价位高了一些，却是天然乳胶，不会有安全隐患呢！

客户：那就要这个680元的吧，要不是你介绍，我可能就拿旁边那个220元的了！真是谢谢你！

1．你认为上述案例中客户最终购买枕头的原因是什么？导购员把握了消费者什么样的心理？

____

____

____

2．客户的预算是10万元，我们给的报价是12万元，当客户提出价格超出预算时，应该如何应对？

____

____

____

三、客户需求分析

掌握客户基本信息后，设计师需要对客户需求进行分析整理。进行客户需求分析整理时，调查问卷上的内容对家装风格和效果固然有影响，但并不是每条信息所起的作用都一样，设计师在引导客户填写问卷过程中，对于将来的设计起主要影响的信息应该提醒客户详细填写，以免对客户需求分析不准确。

1. 性别

一般来说，客户性别决定了客户喜好的风格。女士在色彩方面会要求绚丽一些或者暖一些，喜欢柔化一些的设计，比如软装部分，窗帘可多一些层叠效果，制造唯美浪漫的效果，阳台多一些明媚的设计，比如多考虑一些置物架、花草养殖架等，厨房要干净利落，实用性强。

男士则喜欢简单的风格，色彩简约、对比强烈，最好能够突出个人爱好，比如有收藏爱好的就可以设计一些藏品架。男士也喜欢有一个私人空间，所以书房设计一定要讲究实用和品位结合，卧室则是越简单、舒适越好。

2. 年龄

客户年龄段不同，对家装的风格、色彩、材质等要求都会有所不同。

设计师说

年龄看相，从年龄能看到什么？

20～30岁人群更喜欢新鲜、时尚的流行元素，他们多倾向于鲜亮的色彩和与众不同的造型，装修房子主要用于结婚，属刚性需求，但一般他们经济基础比较弱，装修方案应以经济实惠，同时还要照顾到时尚美感，现代风格、混搭风格比较容易被接受。他们对装修过程中的复杂事物耐心不够，所以对于一些配套服务会更容易接受。重点是预算必须是他们能够接受的，至少让他们有能力承担。

30～40岁人群属于奋斗一族，在经济上可能有了一定的积累，但维持生计、抚养子女、赡养老人、工作等压力依然很大。质量好吗？价格便宜吗？是大牌吗？环保吗？这些是这类人群在装修时较为关心的问题，这也体现出他们对性价比的关注，因此，在设计中经济要素依然是首位的，家庭温馨的感觉次之，孩子教育也要格外注意到。这个阶段的男性客户更渴望下班后有一个放松心情的家庭环境，女性客户对品质生活追求日趋强烈。忙碌的生活节奏让他们没有更多的精力放到跑市场、买材料、订柜体、监督施工装修这些耗时费力的工程上，因此，全包类家庭装修方案他们更容易接受。

40～50岁人群经历了拼搏奋斗和岁月洗礼，大多数人已经拥有了稳定的生活，家庭和事业均处于平稳上升的阶段，心态也已经渐渐从张扬奔放转化为内敛平实，理性渐多、感性依然并存是这个阶段人群的典型特征。装修时，家庭品位逐渐取代经济支出，成为家装考虑的第一要素。他们对装修的要求更多的是舒适、惬意，从而既有品质又显品位。在装修风格上，不再追求标新立异，更看重家居中所凝聚的文化气息和历史沉淀。一般只要是凝聚了设计师的心血，又有足够的文化内涵，就都会被纳入这类人群的考虑范围。

50~60岁人群经过了半个世纪的沉淀，社会阅历丰富，经济实力较强，相对来说，他们时间较为充裕，会跟设计师沟通很多，对于设计师的合理化建议也更容易接受。在装修投入上，由于这一年龄段的不少人可能已是终极置业，所以在风格定位、材质选择、装修预算上一般都会投入较大的财力和精力。在装修风格上，他们强调文化韵味，追求修心养性的生活境界，成熟、大气、稳重、华丽的家装风格往往成为他们的首选。从实用主义的角度来看，还要考虑储物的需求；另外，还要考虑到这一年龄段的人群子女都已成家，所以他们特别希望与子女团聚，以享受天伦之乐，因此，对客厅、餐厅的家庭聚会功能考虑得会比较多。

60岁以上人群装修时更突出实用主义。另外，由于这一年龄段人群的生理、心理特点，对于他们的家居装修，不仅要满足实用需求，更重要的是要适应其身心特点。设计师在装修时，必须要了解这些变化。

3. 兴趣爱好

客户的兴趣爱好通常希望在家庭环境中能够有所体现，或者留出足够的空间为兴趣爱好提供方便，如收藏、种植、棋牌、泡茶、养宠物等。可根据客户的喜好设计室内空间。喜爱收藏的客户，可设计收藏室或收藏架；爱泡茶的客户可专门设计泡茶会客室；喜欢养花种菜的客户，在设计阳台时可以为其设计一个“空中花园”。

4. 文化层次

客户的文化层次很大程度上影响到家装风格、材料的选择。一般来说，文化程度越高，通过各种渠道了解现阶段家装状况的机会就越多，客户自身对家装程序和家装所需经费、预算、材质等方面信息了解也就越多，对最终效果会有比较高的要求，所以，设计师要特别加强对高文化层次客户各方面需求的了解。

5. 职业与职务

社会分工不同造成人们不同的审美要求。脑力劳动者希望居室能充分体现宁静，使大脑得到放松、休息。而体力劳动者则更希望居室充满暖意，能使自己得到充分的休息。设计师了解客户的职业与职务，便于更好地与其沟通。同时，通过职业与职务能大概推测客户的经济条件和家装喜好，从而在谈单过程中有的放矢，精准施策。

高收入人群属于非价格主导性群体，更在乎产品的品质和形象，在乎产品给自己的感受和心理需求。在装修时更看重的是时尚、突显品位的装饰风格，针对此类消费人群，设计师谈单的诉求点是高品位、高质量、高水准的服务。

中低收入人群，以年轻人居多，有稳定的收入，但结余不多。他们思想活跃，乐于接受新生事物，财富变化的可能性也最大，但是由于工作原因，该类人群的时间往往有限，他们希望在装修过程中能够体现出高品位的风格，但财力又不会投入太大，所以全包一口价的模式就更为适合这类业主。

6. 置业次数

首次置业客户在装修时个性化需求较多，既强调室内设计的品质与品位，又要求施工工艺精细化和工程质量过硬，但多以注重功能性为第一要素。二次置业装修的客户较第一次装修更趋于理性，对住宅装修往往会强调与第一次置业装修的差异性。因二次置业动机复杂，装修的投入情况不尽相同，有的甚至超过首次置业装修，但大多数低于首次置业装修。值得一提的是，随着二级市场的扩张及生活形态的变化，许多投资者购置新的住宅后，将原来的住宅重新装点一新，以出租的方式获取租金回报。但这类投资较少，装修一般流于程式化，干预因素极少。

7. 家装用途

（1）婚房。一般情况下，婚房的大多数内部空间设计都由女方来决定，男士只提一些补充性建议，所以注重女主人的家装建议一般就可满足婚房装修要求。另外，婚房设计时也要考虑客户将来的需求，比如婴儿房的设计以及年轻女士还会希望有足够大的服装存放空间。

（2）临时性住房。此类装修客户无长期居住的计划，只是在过渡期间，对住宅作简单的装修，追求一定的舒适性。此类装修不仅量小，而且投资较低，更适合由小型家装公司来完成。

（3）养老房。养老房装修客户分两种情况：一种是子女购买或帮父母装修，子女考虑更多的是老人的安全以及方便、实用；另外一种是老人自己购买且要求装修，一般要求舒适、明亮、家庭氛围浓厚等。养老房设计在格调和布局上要符合老年人的生理和心理特点；在装饰材料选择上不求华丽，应该简洁易清洗；家具选择应该体现人体工程学，符合老年人使用；水电配置也要结合老年人自身的特点合理选择和布置。

8. 装修日期

客户是否着急装修、是否急于入住是判断客户级别的重要信息。设计师若遇到急于装修的客户，应进一步分析客户急于装修的原因：是现有住房条件不好想搬进新居？还是准备结婚？或其他原因。

时间紧，选择的空间小，可以尽量提前让客户看方案，然后在方案中对装修时间进行充分说明，以满足需求。

知识训练营

根据班级人数，分成若干偶数小组，并组间搭配成大组，各小组分别设计并填写《装修客户需求调查问卷》，填写完将问卷在大组内交换，由对方进行分析，并撰写客户需求调研分析报告。

要求：1．各小组选派一名组长进行发言，时间不少于5分钟；

2．每组发言后，由对方小组对客户需求调研分析报告进行真实性评价。

第二节

客户消费心理分析与施策

他山之石

人们做某件事情或采取某种行动的根本动机在于使内心获得满足感。如果正在进行的事情或行动无法带来一定的满足、愉悦感，那就会使自己陷入厌烦、无聊的困境，甚至会觉得身披锁链。同样，要想让客户心甘情愿地购买产品或服务，那就要保证客户获得满足感，避免让客户产生不情不愿的感觉。

郑明约了一位客户下午见面，但中午时天色大变，狂风大作并下起了瓢泼大雨，路上积水严重。郑明距离约定地点很远，即使驱车前往也难免会遇到什么问题，于是他就有些退缩，想给客户打电话另外约时间。

但没想到的是，主管坚决反对郑明的提议，硬逼着他冒雨前往与客户的约定地点。结果先是郑明的车在路上因进水发生故障，然后又是等了很久才约上出租车。等他到达约定地点时，全身都湿透了，衣服不停地滴水。

当全身湿透的郑明将保存得非常完好的资料递给客户时，客户非常震撼，感受到了郑明对他的尊重和重视，当场就与郑明签订了一年的合同。

全心全意为客户提供服务时，客户就会获得极大的满足。这种现象不仅在服务行业非常明显，在以产品为核心的行业同样如此。

销售工作从来不是销售员的独角戏，销售员不仅要让自己保持强烈的职业精神和进取心，还要善于引导客户的消费心理，以此调动和改变自己以及客户的行为，使他们在交往中获得满足感，促进销售工作的顺利进行。

一、一般消费者心理特征

1. 从众心理

从众心理指个人受到外界人群行为的影响，而在自己的知觉、判断、认识上表现出符合公众舆论或多数人的行为方式。从众、随大流的客户，大多数是没有强烈的个人特殊装修要求的，他们会根据当下流行趋势给自己的家一个“当下流行”的风格定位，作为设计师，可以尝试从当下流行风格进行详细分析和介绍入手，并确定最终方案。

2. 求异心理

求异心理指追求特殊性的心理。部分客户追求标新立异，究其原因是个人个性化的体现，这部分客户各方面都拒绝“随大流”。针对此类人群，设计师在充分了解客户喜好的同时，要掌握客户接纳创新的方向，引导客户确定设计方案。如风格创新方面，可以采用风格混搭的创新方式，地中海风格与田园风格的结合，客厅采用地中海风格，阳台采用田园风格；细节创新，与风格协调一致的家具以及其他配套设施，可以采用废物改造、手工DIY的方式，塑造一个完全不会被复制的个性化体验。

3. 攀比心理

攀比心理是消费心理的一种，指脱离自己实际收入水平而盲目攀高的消费心理。就家装而言，正常情况下，客户会根据他们的经济收入水平决定家庭装修投入，但有时由于受一定时期社会消费水平日渐增高、“面子消费”心理的影响，客户在家装投入上会互相激活，导致互相攀比，他们往往会选用比同等条件客户更奢华的材料或要求处处装修最好能体现出豪华、昂贵的特点。设计师应根据客户需求做出适当的推介，避免不必要的消费，满足客户需求的同时，提高客户对我们的信任度。

4. 求实心理

大多数中等收入家庭或高学历客户要求家装最好能够满足实用原则：风格独特，体现审美，价格实惠，质量上乘，服务到位，功能齐全，操作简便。这类客户大多数消费较为理智，设计师应根据客户实际需求出发，做到功能与审美一体化。

二、不同性格客户消费心理

1. 感情冲动型客户

心理特征：这类人群热情、善良、待人和气，有一定的求知欲和进取心，接受新鲜事物比较快，没有特别重的防范心理。

行为方式：①容易被新创意打动；②想象力丰富，态度积极；③敢于冒险，但也更容易有头脑发热的情形。

对策：①顺应客户的心理，用积极乐观的心态给予客户愉悦的心情；②展示设计的实用性和优越性，让其体会到你在照顾他的感受和切身利益。

实际运用：这类客户最容易成交，设计师应采取速战速决的成交方式。在谈单中突出重点，不要过于引导其他事情，拖越久越不容易成交。

设计师说

如何应对感情冲动型客户？

感情冲动型客户一般具有性急、心直口快、心浮气躁、善变的性格特点，易受别人影响，这类人群很多时候甚至忘记了“货比三家”“讨价还价”，只要看着价格合适、设计满意，短时间内就会做出签单决定。
针对冲动型客户，设计师要平心静气地判断其心理反应，按其需求、顺其心意，多谈谈一些客户想了解的话题，但也要避免“言多必失”。
冲动型客户在某个时间段内签单的意愿非常强烈，过了这个时期热情劲就会大打折扣，所以设计师要注意控制交流的节奏，注意语言明快，避免唠叨，争取在有限的时间内把自身的优势和能带来的高效服务传递给他，当顾客表现出购买欲望时，坚决果断地促进成交。

2. 沉着稳健型客户

心理特征：这类人群身处高位或具有优越的经济条件、社会地位，有自我优越感。

行为方式：资金比较充裕，只要是真正对他有利的事情，不会太计较费用，但同时必须是在认可设计师的前提下，属于理智投资型。

对策：①事先做好充分的准备，顺应客户的心理，谦虚诚恳，获取对方的信任和好感，同时也要不卑不亢表达公司的实力；语言要简洁明了，切中要点，不可拖沓；②适当进行感情投资，在客户认同你和公司的基础上，会很爽快地签约。

设计师说

如何应对沉着稳健型客户？

沉着稳健型客户具有深思熟虑、沉着冷静及考虑问题小心求证、全面深入、不容易被言辞说服的特点。他们通常对装修本身及市场行情有一定的了解，针对不同观点，他们会积极地提出个人看法，主见性非常强。
针对此类客户，以平常之心，坦诚直率地交流是最有效的办法。
设计师可以通过举例、分析、比较的方式，将自身在设计、工艺、质量、服务方面的优势直观地展现给客户，让其全方位地了解选择我们的理由。在这里，尤其要注意的是一切说明都要有理有据，不可操之过急、夸大其词，要多方面分析、层层推进才是较好的办法，给出承诺的一定要做到。

3. 沉默寡言型客户

心理特征：往往个性内敛，做事喜欢三思而后行。

行为方式：沉默寡言型客户老成持重，对设计师的推荐虽然认真倾听，但反应冷淡，不轻易说出自己的想法、内心感受和评价。

对策：一忌急于求成，喋喋不休；二忌没有耐心，冷淡以对。对于这类客户，设计师应耐心观察，留意客户重点考量的问题，给对方讲话的机会和体验的时间，着重以逻辑启发的方式劝说客户，开展有针对性的推荐，加强客户的购买信心，引起对方的购买欲望。

实际运用："三分钟"热情可能感染不了客户，但若能够始终如一保持最初的热情，坚持并自信地做下去，服务到底，很快便能拉近双方距离，使客户产生好感。

设计师说

如何应对沉默寡言型客户？

在谈单过程中，可能会遇到这样的客户，不管我们怎么努力，他们总会对你所做的推荐反应很冷淡，从不轻易发表自己的看法，出言谨小慎微，"随便看看"更是他们的口头语。面对这种情况，遇到这样沉默寡言型的客户，设计师应该如何应对？

客户不开口，你不知道他在想什么，就很难知道他内心的需求，拿下客户更无从谈起。因此，找到其沉默的原因尤为关键。

这类客户可能事先对于装修行业有一定的了解，对家装风格也有一定的偏好，缘于个人性格比较内向或缺乏自信等，多采取寡言观察的方法来选产品、挑服务。设计师在面对此类客户时：一忌急于求成，喋喋不休；二忌没有耐性，冷淡以对。"三分钟"热情感染不了这类客户，只顾着介绍方案，这样不会让客户对你产生好感。换个思路，用诚恳、亲切的态度，试着了解他的工作、家庭、喜好等情况，找些闲谈的话题套近乎，舒缓你们之间的尴尬氛围后才能进一步了解他内心的真实需求。

针对不善言谈的人群，设计师要主动解答他们想问的问题，可以尝试着变换交流方式，多采用判断题、选择题的方式引导他们作出回答，尽量少用或不用问答的形式。另外要注意的是，千万不可催他们做决定，要让切身感受到你的耐心与诚意。

4．优柔寡断型客户

心理特征：传统保守，缺乏自信，不敢冒险，缺乏想象力，被常规所束缚。

行为方式：①不容易被新想法所打动，关心细节，对一些小事非常关心，因此会提出许多小疑问；②总是不断地引用过去；③很难被新机会所打动。

对策：①尽可能多获取客户信息；②多花时间向客户解释；③客户难以抉择的事可以

使用你自己的判断；④根据你的知识和经验指导他们；⑤避免给出太多的选择。

实际运用：优柔寡断型客户最容易受别人影响，设计师在接待这类客户时，就要表现出坚决、自信的态度，获得他们的信任，对任何异议都要认真对待，拿出充分的理由说服他们。当发现顾客有购买欲望时就要抓住机会，坚决采取行动，促使顾客做出购买决定。

设计师说

如何应对优柔寡断型客户？

优柔寡断型客户说话时视线不断移动，神情飘忽不定，难以捉摸，买东西总是会考虑这考虑那，喜欢找一些不太重要的细节反复洽谈，为自己下决定拖延时间。即使他对公司和你彻底了解，对装修方案也已产生兴趣，仍会拿不定主见是否签订合同，装修成中式还是欧式，采用什么样的主材等。但是，这种性格的客户也最容易受别人观点和看法的影响。

作为设计师，在接待此类客户时，耐心就显得尤为重要，可以从以下几个方面帮他们做出抉择：

（1）在不伤害自尊的前提下，以装修专家的姿态、从朋友的角度为他做出选择，可以尝试用以下语句交流：如果是我我会选择……；你的眼光真不错，换作我也选择这个。

（2）提出邀请他的家人、朋友来帮忙做出决定。

值得注意的是，在接待这类性格客户时，设计师一定要表现出坚决、自信的态度，当发现客户有购买欲望时，就要抓住机会。

5. 多疑谨慎型客户

心理特征：疑问较多，外表严肃，反应冷漠，出言谨慎，不易获取信任。

行为方式：①怀疑来自感性，主观性极强，在他们的脑中有一套自己的判定标准和逻辑，既多疑，却又非常自信，且只相信自己的“认为”；②怀疑出自理性，“相信”建立在“看得到，摸得到，感受得到”的基础上，依赖于眼前呈现的既定事实。

对策：①提前列出客户疑虑，并准备有效答复；②对于复杂的疑虑，设计师要提出各项说明文件及证明，以获得认可；③必要时可以采用老客户做见证人或带领客户参观样板房及施工工地来消除客户的疑虑。

实际运用：设计师在对待这类型客户时，不要太热情，否则他会觉得你的企图心很强。正确做法：通过聊天式的问答，试图让对方说出他的顾虑、他的需求、他在意的地方，设计师可借助第三方工具耐心解释，详细说明自身的优势。

设计师说

如何应对多疑谨慎型客户？

“你说的这些东西能实现吗？我怎么觉得这么不靠谱，不会是忽悠我吧？”在谈单的过程中，经常遇见这样的客户，即使设计师满脸笑容地讲了半天，对方还是无动于衷。他们一般不会轻易相信别人的话。他们对你的言谈举止都抱着一种不信任的态度，甚至还会时不时上下打量或盯着你，有意拒你于千里之外。这类客户属于多疑型。

他们之所以会多疑，一般有两种原因：一是之前的购物可能上当受骗过，这让他对销售员和产品有所芥蒂，在家装时对设计师就会心存戒心；二是这类客户是理性主义者，在他们的思维中，家庭装修作为家庭支出中的重要部分，必须要对设计、工艺、材料、服务、价格等各个方面进行全面了解，最好能十全十美，只有这样才会签订合同。

应对谨慎多疑型客户，设计师可以尝试着以亲切坦诚的态度去挖掘客户的兴趣，围绕其最关心的话题交谈，建立信任后，即可将话题引入家装方案上来，以朋友的身份和语气与客户沟通就能使其放下戒心。

另外，设计师应该更尊重他们的情感，可通过聊天式的问答，了解他们的疑虑和意见；针对客户提出的质疑，设计师可以适当表示对客户观点或意见的认可，甚至可以主动承认自身存在的一些问题，但这些问题必须无伤大雅，不会对签单造成负面影响。比如“我们的施工质量虽然是优质的，但在施工进度上还稍显缓慢，这是我们需要改进的地方。”

针对此类客户的疑虑，设计师最好能够拿出一些实在的证据证明所言不虚，不妨试着分享一些装修的真人真事。

三、不同心态客户消费心理

1. 积极型

口头禅：没什么大不了的。

心理暗示：我们应该往好的方面发展，我们可以做得更好，我们要去做哪些事。

行为：愿意配合别人。

结果：已经很不错了，如果再做好一点，就会更好了。

语言：经常赞同别人，说“对”。

解决方案：积极的人希望家可以装修得更好，因此，设计师就要懂得客户这一心理，提出更好的方案，一般他们都会接受。同时，设计师要善于为这一部分客户造梦，营造出令他们向往的未来家庭梦想，在语言上要有感染力。

2. 悲观型

口头禅：万一要是……

心理暗示：事情不会这么顺利，他不可能对我这么好，就算做了又有什么用呢？

行为：不愿意配合别人。

结果：真是这种结果，幸亏我及时发现，要不然还不知道出什么差错呢！

语言：经常反对别人，说“不”。

解决方案：要把家装中可能出现的问题尽量说明：如果你找小公司装修，万一他们做不好，你已经与他们签订合同了，你有什么办法？你想要便宜，那就得用一些便宜的材料，那可是不环保的材料，后果将不堪设想……他们会说：“是，是，那就得提前防范，不能这样……”

3. 务实型

口头禅：不管……我先……

心理暗示：不要想得太多，先把自己该做的事情做好就行了。

行为：利于自己的就配合。

结果：对自己所取得的结果比较满意，不会想得太多。

语言：你说得不错，我已经……

解决方案：对于务实的客户，要让他感到现在的方案就是最好的方案了，让他认为这样就行了，没有必要再到处乱跑，耽误时间和精力。在设计时，也不要考虑得太远，满足他现有的需求就可以了，不要引导他去选择一些特别高档的产品或材料。预算和设计也采取务实的作风，不求太高，也不能太低，适中他们就会接受。

设计师说

慧眼识人做销售

设计师要跟形形色色的人打交道，从客户真真假假、虚虚实实的信息中抓住有用信号。而想要知道客户的真实想法，就一定要知道客户的心理变化。丰富的表情是客户心理活动的一面镜子，只要善于把握琢磨，就可以从这面镜子中看到签单的希望。

第一种，僵硬型表情。

在谈单过程中，如果客户面无表情，这往往是充满憎恶与敌意的表现。这时你一定要回过头来想一下自己所说的是不是导致客户内心产生不快，应道歉并及时转移话题。

第二种，厌烦型表情。

在与客户交谈中，当对方叹气、伸懒腰、打呵欠、东张西望、看时间、表情无奈时，你就应该注意了，客户已经厌倦了你们当前的谈话内容，及时转移话题或者结束谈话为好。

第三种，焦虑型表情。

谈单过程中，若厌烦型客户没有得到应有理解，烦躁的情绪就会不断累加，很可能上升为焦虑。具体表现为手指不断敲打桌面、双手互捏、小腿抖动、坐立难安等小动作。在面对客户这样的情绪时，设计师应该放弃讲述，试着与客户进行沟通，找出让他焦虑的原因，并及时为他解决问题，消除这种焦虑情绪。

第四种，兴奋型表情。

在与客户交流过程中，客户表现出搓手、目不转睛地看着你时，这是一个好的迹象，说明客户对你所描述的事物具有很大的兴趣，设计师可在此基础上进一步做好引导，及时促成签单。

慧眼识人强调的是对不同的客户采取不同的语言技巧，你可以在心里对顾客进行类型上的划分，但绝不能存在歧视，每一位客户进店都是有目的的，或是目标客户，或是购买的参与者，或是信息搜寻者，每一位都值得重视。

知识训练营

1. 分析不同穿着、不同体态的人的消费心理，并进行分享。

____

____

____

2. 模拟演练：自选不同消费类型、年龄、性格等客户进行模拟演练。

演练过程中，设计师要根据不同客户选择合适的语言，作为客户，在不偏离基本信息的前提下，鼓励自由发挥，尽量多问问题，多提意见。作为设计师，要善于根据客户言谈举止分析其消费心理，找好突破口，迅速进入谈单环节。

例1　客户基本信息：（一家三口）

男主：黄先生	女主：张女士	儿子：小黄
年龄：45岁	年龄：45岁	年龄：16岁

身高：170cm 身高：160cm 身高：170cm

体重：70kg 体重：55kg

职业：教师 职业：家庭主妇

性格：开朗 性格：多疑

兴趣：运动 兴趣：无

房子户型：120m^2 新房

装修需求：舒适

预算：15万元

补充：开始时，女设计师接待，交流过程中，女主多疑刁难，并要求换男设计师。

例2 客户基本信息：（老夫妻）

男主：张先生 女主：王女士

年龄：60岁 年龄：55岁

职业：退休老干部 职业：家庭主妇

性格：高傲 性格：开朗

兴趣：遛鸟 兴趣：广场舞

房子户型：160m^{2}四房两厅 旧房

装修需求："雅"

预算：10万元

补充：儿孙在外，工作好，工资高，但没有时间回来，内心空虚，清高，要面子，去几家设计公司咨询过，实际很想省钱。

第三节
影响成交的主要因素

他山之石

小宋是一家电子配件公司的销售员。一天，他如约拜访了一位顾客，与其洽谈购买事宜。经过一番洽谈，顾客表示："我和你们公司还是第一次接触，不知道你们的产品质量如何？"

小宋向对方保证："无论从产品质量上还是顾客服务上，我们都是很好的，而且有许多大公司成为我们的忠实顾客，这些都是有据可查的。对于产品质量方面，您更是大可放心。"

顾客提出："即使你保证产品质量很好是真的，可你们的产品价格怎么比其他同类产品高啊？"

小宋说："这种产品的价格在市场上长期以来一直居高不下，与其他公司相比，我们公司的价格实际上已经很低了。造成这种产品高价的主要原因是它的造价本身就高出其他产品，我们最起码要保证收回成本，所以……"

顾客："如果这样，那么我们就觉得不太划算了，毕竟我们公司……"说到此，顾客实际已经是在拒绝了。

不少销售员在谈判时都会存在这样的问题，过于关注自己的目标，却忽略了对顾客实际需求的考虑。任何一位顾客都是在自身需求得到满足后才会考虑成交的，如果销售员无法做到这一点，想要实现成交几乎不可能。针对以上情景，销售员可以这样来做：

顾客："我和你们公司还是第一次接触，不知道你们的产品质量如何？"

销售员："之所以能在众多的竞争对手中站住脚，就是靠的我们公司一贯坚持高质量的顾客服务，并提供优质的产品，这些方面我们的合作伙伴都可以提供证明。事实上，正是因为长期坚持采用我们公司的产品，很多合作伙伴才能创造令业界瞩目的高效业绩。相信以贵公司的实力和影响力，如果与我们公司合作，更可以令工作效率大大提高，而且也有利于贵公司的品牌延伸……"

顾客："你们的产品价格怎么比其他同类产品要高出不少？"

销售员："这种产品的价格确实要高于其他产品，这是因为它具有更卓越的性能，它能够创造更大的效益，与今后获得的巨大利润相比……"

顾客："你说得也有道理……"

客户在签单前到底考虑哪些因素？客户不签单又是什么原因？客户在权衡各个家装公司时，都从哪些方面进行比较？这就需要对签单因素进行分析。一般来说，影响签单的因素主要有客户因素、公司因素、设计师因素、价格因素几个方面。具体实践中，可能是其中某一个或某几个在起作用，设计师在谈单过程中要具体情况具体分析，找准客户的关注点，善于抓住"主要矛盾"。

一、客户因素

1. 客户本身因素

客户本身因素主要有以下几个方面：①有些客户已经看了很多家公司，已经做到心中有数，可能对比之后你并不是他的最好选择；②不同客户的需求和文化层次不同，这些客户对设计师提供的设计和服务还没有完全认识和了解；③客户对设计师或公司还不够信任；④还有些客户不急于立马装修；⑤客户在人、财物方面存在短缺，导致他们会选择放弃。

客户装修过程中，一般都会出现一些意外情况，例如客户人、财物等短缺，都会导致客户有中断合作的想法，这时，设计师要从客户的角度去思考问题，利用自身设计上的优势，减少客户的负担。对于普通客户而言，设计师如果能够真正理解客户的难处，为客户排忧解难，可促进客户做出决定。

2. 客户参谋因素

客户在看方案时，往往会带上家人或朋友出谋划策，这类人就充当家装参谋的角色，设计师在与他们打交道时要注意以下几点：

（1）必须尊重、重视参谋，因为参谋是客户的朋友或家人，至少是他比较信任的人，如果与其发生冲突，或者对其不够尊重，无形中就会让客户难堪。

（2）想办法说服家装参谋，能够与其建立好关系，由他出面为你做客户的工作。即使不能说服家装参谋，至少也不要给其留下不好的印象。

3. 客户经济因素

设计师要想顺利与客户签单，一定要在装修造价上与客户的实际支付能力形成默契。如果不了解客户的实际支付能力，做出来的家装预算要么超出客户实际支付能力太多，要么就是不能满足客户对家装档次的要求。所以，要想做好预算，就必须要对客户的经济能力和支付意愿做出准确的分析。

经济能力是他有多少钱，支付意愿是客户愿意付出多少钱。经济能力是客观条件，支付意愿是主观想法，二者平衡才能顺利完成签单。支付意愿够了，经济能力超出当然没问题，经济能力不够时，如果还想顺利签单，就要保证二者的差距不能太大。

二、公司因素

品牌形象好的公司很容易签单，而品牌实力较弱的公司，即使设计师能力再强，签单的困难也比较大。

因此，对于设计师而言，选择一个好公司至关重要，但并不是所有的设计师都能进入具有较高影响力的设计公司，设计师首先要了解自己公司的优势和劣势，在推荐自己时学会扬长避短。

三、设计师因素

一般来说，设计师本身性格是内向还是外向，工作态度是热情友善、谦和，还是呆板、无表情，甚至冷若冰霜，都是影响成交的重要因素。在谈单过程中，常常会出现这种情况，客户表现出对公司或者优惠活动很满意，但就是不签单。不是他没有钱，而是他不喜欢你这个人，只要换个设计师，他可能立即签单。

在谈单实践中，经常看到这样一些情形，一些设计师业务能力较强，对方案的介绍、分析合理、科学，让人深信不疑，很快促成签单。也有一些设计师的讲解给客户造成“听不明白”“越听越糊涂”“听了以后反而增加疑虑”等感受，签单自然就变得很难。客户本来不是很满意你们公司，但看在你的“面子”和设计服务上，最终签单了。这种因为客户欣赏设计师个人而发生的签单行为，在日常谈单过程中也是经常发生的。凡此种种，背后都是对设计师综合素养的挑战，设计师的言谈举止、专业程度、个性识别、为人处世、服务意识等都会影响客户的综合评判。

四、价格因素

室内设计师们都有一个共同的感受：无论你怎样尽心尽力地为客户精打细算，客户总是嫌报价太高。那么，客户是不是真的觉得我们的报价太高了呢？这个带有普遍性的问题，已经成为严重影响设计师与客户合作成功的阻碍。解决好这一问题，不仅可以快速提高设计师的谈单业绩，还可以增强设计师的自信心、提高公司的知名度。

设计师说

关于设计报价问题的若干解答

报价是客户最为关心的问题。消费者不知道装饰公司的报价差别为什么这么大，不同报价下的装修又有什么差别；很多客户认为设计公司太贵，还是装修队实惠。设计师要善于通过对比分析做好解答。

1．材料价格是基础

首先，装修价格与所选用的材料有关。物以稀为贵，产地比较远或者比较稀少的材料比本地或是常见的材料要昂贵些；其次，材料自身的质量，质地结实、老化期时间长的相对贵些，反之则相对便宜；再次，就是品牌，名牌、声誉好的产品比无名或小品牌的要贵一些。在材料购置上，对比装修队零散购买，装修公司与材料商建立合作关系，集中采购做到了物美价廉。

2．工艺不同价格有别

在材料相同的情况下，工人的手艺直接影响到装修的质量，手艺好、训练有素的施工人员工费自然高一些，反之就低一些。

3．施工管理影响价格

品牌公司、规模较大的装饰公司的家装工程，还会有工程施工环节的严密管理及优秀的施工管理人员。一项工程倘若没有一个出色的施工管理人员，即使有好的材料和好的施工人员，也不可能有高质量的工程。而装修队多是散兵游勇，客户需要分别找水工、电工、瓦工、木工、油漆工、安装工等，各工种之间协调较难处理。

4．公司规模影响价格

装饰公司各部门配备较为齐全，售前、售中、售后服务各司其职，这些都需要一定的费用。而“装修队”的规模则无从谈起，他们人人既是老板、设计师，又是预算员、施工管理、材料采购、施工工人，找几个同乡、一个气泵、一个电锤、几把锤子，再加上锯子就开工了，价格自然低，但质量难以保证。

5．公司服务影响价格

装饰公司有后期服务，而装修队较零散；装饰公司有合同保障，有信誉保证。

知识训练营

1．模拟演练：可自行设定人物情景，也可以参考下面的案例：

例1 几个人一起进入公司（一对50多岁夫妻、儿子及准儿媳一行4人），对前台人员提出准备装修房子，前台人员将你推荐给他们。作为设计师，请组织一套语言，能迅速找准家庭里的决策者，并获得好感。

____

____

____

例2 有一个男客户是单身，游戏迷，父母为其买了一套80m²小户型，准备装修，装修预算是8万元。接触过程中，男客户内向无话，有几个朋友一起来出谋划策，男客户依赖他们，但又不完全认同。作为设计师，该如何处理？

2．客户答疑

客户问题：一套100m²左右的新房装修，有的装饰公司称十万元即可，为什么找你们装饰公司则报价十五六万元？

3．案例分析

小刘有一个比较有经济实力的客户，经过沟通交流之后，成功签了订单，并且与客户建立了良好的关系。但客户对小刘始终有防备心理，施工时找了一位朋友做工程监理。很快小刘就跟这位监理成为朋友，他的监理经验小刘积极听取，他的疑问小刘认真作答，尤其是在设计方面，这是这位监理的弱项，但正好是小刘的专长，所以在沟通中小刘有一个很好的互补与协作。而且，小刘与其分享了很多设计经验和心得，所以很顺利地完成了这个工程。此后，这个监理给小刘介绍了5个客户。

从这个案例中，你有哪些体会？请谈一下你的感想。

设计师日志

个人简介 | 黄强，××装饰公司设计总监。

设计理念 | 用极简的线条勾勒出最具灵性的空间。

设计师谈单到落地应该怎么做？

我担任设计总监的这些年里，个人认为，仅仅考虑吸引客户和留住客户是远远不够的。

在家装市场竞争激烈的今天，设计师要做的事情并不少，比如站在客户的角度去思考客户需要的是什么；如何呈现出客户最想要的效果；不断学习深造丰富自己等。具体总结如下：

1. 聆听想法与明确需求

客户首次到公司与我们进行交流和沟通的时候，常常并不知道自己真正的需要，自然会盲目跟随市场上以及网络上热门的装修风格，但是作为设计师，你需要认真聆听他们的想法，并从他们的角度看待问题。比如可以给客户观看公司的抖音号、视频号等，通过短视频帮客户弄清楚概念，明确需求，并且简化流程，让设计更加优秀，这样客户一定会信任你的。

2. 定期沟通

客户在寻找设计师的时候，“良好的沟通”被视为第二重要的素质。通常所说的“良好的沟通”并非凌晨四点爬起来陪客户聊需求，而是迅速地回复客户的信息，并且挤出时间同客户见面或者电话沟通。保持定期沟通是为了让客户始终与你的节奏保持一致，并让他们对于项目是否延迟有概念。

3. 坦诚报价

报价问题上越是清晰透明，因为资金而失去客户的可能性就越低。你不仅应该知道自己的设计值多少钱，而且应该清晰地告诉客户报价的组成部分，并且列出报价单，这样客户会感觉更加轻松。

4. 慎重对待项目延期

虽然客户可能会同意项目延期，但是这并不意味着他们喜欢这样。有的客户会非常直接地拒绝：最后期限就是最后期限（并且他们可能非常享受这种拒绝的过程）。如果真的无法按期完成，你一定要尽早让客户了解。

5. 跟踪服务

大多数客户不太了解各种主材的搭配以及如何挑选适合自己新家风格的软装，这时候我们需要以专业角度向客户进行推荐与讲解；在工地开工之后，我们绝不能以为自己的任务已经完成而不管不顾，相反，我们应时常去工地考察施工效果，争取将每位客户服务到最好，更能获得客户的肯定与支持。

6. 完美落地

完工之后，亲自为业主送上准备的礼品，并祝贺入住新房，在获得业主允许的情况下可以拍摄短视频，作为以后的宣传资料。

不论是谈成或未谈成的客户，我们都应拿出百分之二百的精力去争取，并不是一次没有谈成就要放弃，应该在不让客户厌烦的情况下主动出击，通过阶段性联系、节日问候等渠道去争取客户的好感，并制定好详细的邀约跟进方案。

至于老客户，我们更应将之作为一个朋友去交谈，保持联系，在老客户遇到问题时绝不含糊，第一时间解决问题，没问题的情况下也要主动关心近况及询问有无售后问题，提升客户满意度。对我本人来说，经常有些较好的老客户会为我转介绍一些有需求的客户，在他们的介绍下，更容易获得新客户的信任。客户维护是非常重要的一个环节，端正自己的服务态度，一切努力都会得到回报。

人物简介 | 谭叶荣，××软装设计装饰工程有限公司创始人及法人，自2012年毕业至今一直专注和从事室内设计相关工作，2018年自主创业，专长整体软装设计。

影响签单成功率的因素有哪些？

专业能力：专业能力是客户信任你的基础必备能力，系统地构建自我专业知识系统，从理论和实践两方面提升学习。比如硬装知识、主材知识、软装知识、工艺细节、设计理念等。

沟通能力：沟通能力较弱的人，无法把自己、方案、平台推荐给客户；沟通能力较强的人，往往在没有方案、没有准确报价的情况下，经常也能照样签单。

形象：你的形象就是你的名片。形象不仅包括外在的穿着打扮、发型、言谈举止、社交礼仪、表情管理等，还包括内在的气质和涵养。

责任：诚信社会，做一个有高度责任心的人，这是获取信任的基础。

发现问题解决问题的能力：人跟人的差别最后体现在对问题的敏感度和解决问题的能力上，所有的成交一定是你发现并解决了客户的问题，满足了客户的需求。在这个方面，每个人的敏感度和感知力都不一样，需要在工作实践中有意练习，不断地磨炼自我，持续地学习和思考。

社交能力：如果你想成为一个具有来一个单成交多个单的能力的人，必须提高社交能力，让别人成为你的推荐者和业务员。仅靠自己做事的人，创造的结果是非常有限的，学会借力的人，能拥有更广阔的天空。

思考：做一个有思想、有格局、有高度的人，站在比对方更高的思考维度，成交会变得轻松且有意思。这个能力的修炼需要过程的积累，需要多阅读，需要走出去多学习、多思考，并不断总结和实践。

情商：一个拥有高情商和共情力的人，会把谈单过程变成一段愉快的经历。客户不仅跟你签单，还有可能成为你的朋友。

欲望：销售中会遇到多种多样的问题和障碍，少了想要成功的欲望，不管以上几种能力多强，你最终败给的是自己。

健康：“身体是革命的本钱。”没有本钱，一切都是空谈。身体健康最终是一种持续的竞争力。这里的健康应该包含身体和心理的双重健康。

04 第四章

谈单的关键步骤与销售技巧

教学目标

知识目标

1 掌握谈单的基本流程、关键步骤及技巧。
2 了解成功谈单的逻辑及相关要求。
3 掌握谈单的注意事项。

能力目标

1 能根据谈单的基本流程设计自己的谈单脉络与沟通技巧。
2 掌握塑造专业形象、提升沟通水平的方法，能把握住谈单的主动权，针对不同客户群体提出针对性的方案设计。
3 能根据看工地、收取定金、看方案、报价、签单、签订合同等重要环节的要求，把握与客户签单的时机，提升签单效能。

素质目标

1 具有较好的沟通能力、表达能力、聆听能力和良好的创造性思维。
2 具有善合作、永共赢的思想品质以及强烈的事业心、高度的社会责任感。

思政目标

1 培养坚持实事求是的科学态度和作风。
2 践行"工匠精神"育人理念，培养学生爱岗敬业、一丝不苟、精益求精、追求卓越的精神。
3 培养学生诚实守信、设身处地替人着想的传统美德，增强法纪观念，自觉遵纪守法。

思维导图

谈单的关键步骤及销售技巧

- 谈单流程
  - 谈单流程及实施计划
    - 初次谈单流程及实施计划
    - 量房流程及实施计划
    - 第二次谈单流程
- 成功谈单的逻辑及相关要求
  - 塑造专业形象
    - 第一印象的概念
    - 怎样留下良好的第一印象
    - 留下良好第一印象的基本步骤
  - 提升沟通效能
    - 赞美客户
    - 获得客户好感的交流方式
  - 设计谈单脉络，牢牢掌握主动权
  - 不同客户应对方案
  - 把握沟通节奏，实现高效谈单
    - 审题
    - 谋篇布局
    - 点睛
  - 巧妙应对，避免僵局
    - 避免陷入争执
    - 转移话题，缓和气氛
    - 寻找双赢的方式
    - 设定期限，结束“持久战”
  - 应避免的问题
    - 随时反驳客户或打断对方说话
    - 故意夸大室内设计的作用
    - 随意承诺
    - 攻击竞争对手
    - 盲目表达个人喜好或意见
    - 言语过于侧重理论
    - 过早谈报价
    - 轻易对客户下定论
- 谈单过程中的关键步骤及注意事项
  - 看工地
    - 前期准备工作
    - 参观过程中注意的问题
    - 参观之后注意事项
  - 收取定金
  - 看方案
    - 看方案前准备
    - 解读设计方案
    - 善于解决客户的反对意见
  - 报价
  - 签单
    - 影响客户签单的因素
    - 把握签单时机
    - 及时成交
  - 合同签订
    - 签订规范
    - 注意事项

第一节

谈单流程

他山之石

小刘是家装公司的业务骨干，入职两年就被提拔为公司的设计部经理。由于业务熟练且为人坦诚，小刘工作以来积攒了不少人脉资源。

有一次，朋友给他介绍了一个客户王总，小刘准备去拜访，客户平时工作十分繁忙，而且经常出差在外。

小刘提前给王总打了一个电话："王总您好，我是××装饰设计公司的设计师小刘，是胡先生让我联系您的，我想拜访您，不知道是否可以?"

王总回答道："你是想让我装修吗？已经有很多装修公司打过电话给我了，我的房子还没拿到，暂时不需要，况且我也没有时间。"

小刘："我知道您非常忙，但请给我10分钟可以吗？只要10分钟就够了，我保证不会和您谈装修业务，只是跟您聊一聊。"

王总："好吧，你明天下午3点过来吧。"

小刘："谢谢您！我会准时到的。"

经过一番争取，小刘获得了与客户见面的机会。

小刘打电话之前做足了功课，研究了该客户的户型，同时通过介绍人了解到王总的为人成熟稳重，做事深思熟虑。小刘决定首次见面先给对方留个好印象，再慢慢跟单。

第二天，小刘按约定时间准时到达，来到王总的办公室，他礼貌地说："您的时间宝贵，我会严格遵守我们约定的10分钟。"

于是，小刘尽可能简短提问，把说话的时间都留给王总。

小刘的提问没有涉及签单本身，而是针对王总感兴趣的事情进行了询问，话题轻松，很快10分钟就到了。这时，小刘说："王总，10分钟到了，我现在准备走了。"

此时，王总兴趣正浓，他马上说："没关系，我们再聊一会儿吧。"

就这样，小刘从接下来的谈话中获得了很多对签单有用的信息，而王总对他也有了好印象，多了一份信任。当小刘第三次拜访王总时，顺利签单。

该案例中设计师小刘有三点值得大家学习：

一是不要过于强烈地表达迫切签单的愿望，凡事欲速则不达。在日常工作中，很多设计师和业务员习惯热情满满地与客户接触，这当然是做好服务的一种。但是，初次与客户见面之际，客户对签单本身有抵触心理。如果直接将签单的意图表露无遗，让对方觉得设计师和他接触就是想要跟他签单，就很容易遭到对方的拒绝。

在整个谈单的过程中，小刘没有过于着急表露签单意图，而是尽可能和客户交谈，消除了客户的戒备心理，通过沟通了解客户的兴趣爱好、对未来生活的向往，和客户产生共鸣，拉近了距离，进而让对方主动询问小刘对设计的看法，自然过渡到房子的设计方案上来。如果小刘没有一开始电话里的铺垫，而是直接表达谈单的意图，可能连与客户见面的机会都没有。

首次与客户见面，尽可能不要先谈签单的事，赢得客户的好感与信任后，再谈签单便会自然很多（当然，这也不是绝对的，现实中也有很多首次见面就成功签单的案例）。隐去签单的痕迹，先与客户建立感情，以消除客户的戒备心理，是走向签单成交的重要环节。

二是学会倾听。通过用心聆听，了解客户的想法，特别是要学会销售提问，打开客户的心扉。先问明白客户想要什么，有的放矢，才不会让对方反感，还可能给对方留下善于思考的好印象。

三是取得信任。信任是销售的基础。信任可以分对设计师专业能力的信任和对设计师本人及公司的信任，这两点都不能忽视。小刘就是取得了客户的信任，和客户成为朋友，然后用扎实的专业能力为客户服务，才成功签单。

一、谈单流程及实施计划

流程是为了更好地实现最初的目的。简单来讲，可以把谈单流程分为初次谈单、量房、第二次谈单三个环节，设计师需要对实施过程中的每个环节分别制定实施计划或安排实施内容。

1. 初次谈单流程及实施计划

第一步：自我介绍与推荐。

（1）递名片、握手。

（2）设计师职务、从业年限、擅长风格、代表作品。

第二步：客户信息统计与分析。

（1）信息统计。房屋位置、房屋面积、预想装修风格、装修时间、家庭主要成员及习惯、大概预算。

（2）分析。年龄、职业、性格、经济能力、对装修的认知。

第三步：设计风格（配以图片，风格特点介绍）以及装修知识介绍。

准备好新中式风格、现代简约风格、新古典风格、日式风格、东南亚风格、地中海风格、古典欧式风格、美式乡村风格等图片资料，根据客户喜好和实际情况，向客户推荐适合的装修风格以及装修知识介绍。

第四步：谈单技巧与思路。

（1）强调设计的重要性。

（2）介绍装修不慎带来的危害。

（3）根据以上得出：好装修=性价比合理+优秀全程管理+人性化设计+优质施工管理+完善的售后服务。

（4）推荐公司的优势。（向客户描述公司发展规划）一定规模、有规划、有理想、本地企业、设计务实、施工管理严格、流程规范、重信誉。举例提出服务过的客户、拿出客户锦旗等。

第五步：提出定金要求。

介绍个性化设计要求以及团队服务小组（以团队形式服务客户，出示团队成员名单、工作年限等）、介绍公司的促销方案及优惠政策，要求客户交定金。

2. 量房流程及实施计划

设计师应该保持头发整齐、脸面光洁、服装得体。最好的形象是职业形象，可以穿着工作服，佩上胸卡或胸牌，女性设计师要化淡妆，带着公司的手提袋，内放相关的资料或文件。职业形象给人以干净利落的感觉，而且能很快带领客户进入职业状态。

第一步：按照约定时间提前到达，并与客户沟通。

（1）提前五分钟到场（业务员单则要抓紧时间）。

（2）见面握手、递名片、自我介绍（走路的姿势要端庄，主动与客户握手致意，双手递上名片，面带笑容，讲普通话，声音亲切得体，语气不卑不亢，沟通时站立的姿势要正）。

（3）找出房子的优点和结构上在装修时需要注意的地方。

设计师说

量房前的准备工作

设计师应该从户型图、户型解读、设计方案、沟通工具、洽谈技巧五个方面进行准备。

1．户型图

设计师应当利用业余时间，将所在城市的老房子、新房子以及即将竣工的房子，甚至正在建的房子，在电脑上绘成平面图，甚至将装修改动图、平面布置图、天花图、地面图都事先画好，可以装订成集。遇有客户来访或量房时，拿出此户型图集，就可以直接与客户进行沟通，而不需要现场绘制平面草图，在时间上就可以优于其他对手。

2. 户型解读

设计师需要仔细研究每一种户型，也可以与其他设计师进行交流，拿出准确解读户型的方案。在与客户沟通时，你已经提前做了准备，对户型的优缺点都熟知于心，并提前做好了改进户型缺陷的方案，这样再与客户沟通，又怎能不使客户信服呢？

3. 设计方案

同一种户型，设计师提前就设计出很多种方案，这些方案不一定原创，关键是你有充足的准备，在短时间内就能做出三四套方案。

4. 沟通工具

为了增强沟通效果，设计师应该选择几种比较有效的沟通工具，平时就准备好，量房时随身携带，利用有力工具给自己的沟通增色。同时，还能增加客户的信服度。在量房时设计师常用沟通工具有：户型集、自己的设计作品集、家装调查表、量房设计指标书、客户的感谢信、服务客户的通讯录、相册等。

5. 洽谈技巧

所谓洽谈技巧，就是指设计师提前设计好的沟通语言。洽谈技巧可以是在第二次与客户洽谈时使用，有些通用技巧则随时都可使用。

第二步：介绍量房流程，并与客户逐一沟通。

（1）介绍量房流程。

（2）了解房屋所在小区物业对房屋装修的具体规定，例如在水电、暖气改造方面的具体要求，房屋外立面可否拆改，阳台窗能否封闭等。

（3）现场讲解（客户的装修打算、现场规划）。

（4）逐一就每个空间的功能、色彩、缺陷改进、装饰方案进行分析，也可以从门窗套、吊顶、储藏柜、室内照明、采暖、空调、水电路改造等说起，还可以与客户按照《量房设计指标书》中的项目一一探讨。

（5）根据现场情况提出一些合理化建议，与客户进行沟通，听取客户意见。

第三步：实施量房。

（1）实施量房，图纸规范，尺寸标注清晰。

① 定量测量。主要测量室内的长、宽，计算出不同用途房间的面积。

② 定位测量。主要标明门、窗、暖气的位置（窗户要标明数量）。

③ 高度测量。主要测量各房间的高度。

测量后，按照比例绘制出室内各房间平面图，平面图中标明房间长、宽，并详细注明门、窗等位置，同时标明新增设家具的摆放位置。

（2）量房过程中需要注意的问题，并与客户进一步沟通，给客户留下专业的印象。

① 地面。无论是水泥抹灰还是铺设地砖的地面，都应注意其平整度，包括单间房屋以及各个房间地面的平整度。平整度的优劣对于铺地砖或铺地板等有很大影响。

② 墙面。墙面平整度要从三方面来度量，两面墙与地面或顶面所形成的立体角应顺直，两面墙之间的夹角要呈90°，单面墙要平整、无起伏、无弯曲。

③ 顶面。其平整度可参照地面要求，可用灯光试验来查看是否有较大阴影，以明确其平整度。

④ 门窗。主要查看门窗扇与柜之间横竖缝是否均匀及密实。

⑤ 厨卫。注意地面是否向地漏方向倾斜；地面防水情况如何；地面管道（上下水及煤、暖水管）周围的防水；墙体或顶面是否有局部裂缝、水迹及霉变；洁具上下水有无滴漏，下水是否通畅；现有洗脸池、坐便器、浴池、洗菜地、灶台等位置是否合理。

第四步：预约确定阶段。

（1）填写客户登记表。

（2）填写量房回执或客户满意度调查表（让客户填写，书面约定下次看方案、预算的时间）。

（3）介绍后续流程（何时看图、如何做设计、如何签单、如何施工等）。

第五步：道别。

（1）握手道别。

（2）如同客户一起走楼梯，则要走在前面，如乘坐电梯，则先进电梯并扶住电梯门。

（3）如客户邀请一起用餐，则要表示感谢，并礼貌拒绝。

（4）如客户送设计师回公司，则要真诚表示感谢，并请客户到公司休息、品茶。

3. 第二次谈单流程

在初次和客户沟通、量房过程中，对客户已有所了解，有可能给客户留下了深刻印象，但能否签单，此次会面将起到很大的作用。

第一步：约见客户前的准备工作。

（1）量房后要对客户进行分析，分析其喜欢的装饰风格、大概预算以及属于哪种性格的客户。

（2）根据客户需求设计两种设计方案，并搭配配饰、软装等资料，要超前满足客户需求。

（3）分析客户真实信息，根据客户需求和房屋结构做方案设计与预算。

（4）设计师提前设计好沟通内容和方法。

设计师说

假设做单法和反问法

设计师第二次约见客户之前，不妨采用假设做单法和反问法做准备工作。

1．假设做单法

（1）假设签单。客户看重我们哪一点？

（2）假设不签单。我们哪一点让客户不放心？

2．反问法

（1）如何在价格上满足客户？如何提高客户支付意愿？

（2）如何在设计上打动客户？客户理想的装修方案是什么样子？

（3）客户喜欢什么样的设计师？喜欢怎样的沟通方式？如何满足客户心理需求？

（4）客户对家装有哪些担心的地方？应该如何化解？

根据以上问题汇总，拿出最好的解决方案，思考几种可能性，并想出对策。

第二步：与客户沟通方案。

确定客户到店时间，通知前台人员或设计师本人到门口迎接，让客户感受到尊重，待客户落座后方可落座，并为客户倒水。

给客户看方案时先从CAD图入手，从平面布置图转到各立面图，再给客户看效果图，为客户介绍设计思路、颜色搭配，并讲清楚规划原因。当客户提出异议时，现场进行调整。

知识训练营

1．思考量房的方法，在授课教师的指导下，对实际房屋进行测量记录，并形成初步设计方案。

____

____

____

2．到客户家里量房时，发现客户还同时邀请了另外两家装饰公司的设计师去量房，你应当如何应对？

____

____

____

第二节

成功谈单的逻辑及相关要求

他山之石

设计师：王先生，现在就把定金交了吧。

王先生：（表情紧张，稍稍停顿）嗯，我再想想，这价格还是有点高，能不能再便宜一点啊？

设计师：装修最重要的是质量，装的就是安全放心。市面上的确有低于这个价位还能达到这种装修效果的，但是您想一想，低价意味着什么，意味着品质没有保障。还是选择有保障的品牌比较好，您觉得呢？

王先生：是这么回事，但我还是等几天便宜点再说吧。

设计师：王先生，今天刚好是我们公司有优惠（具体讲解优惠政策）。

王先生：呵呵，不急，不急，我再考虑考虑。

设计师：（开玩笑地说）王先生，您是不是不信任我啊？

王先生：是啊！你们设计师就是能说会道。

设计师：呵呵，我能理解您的心情，不信任也是正常的，毕竟装修这么大的事，肯定是要充分考虑的，我出去买东西不太喜欢听销售人员介绍，想自己选择。可实话跟您说，现在的家装市场竞争很激烈，一些不规范的公司为了承揽工程纷纷降价，我们业内人士都很清楚，其本质并非让利，而是在施工过程中偷工减料，我们公司有一定知名度，也有保障（再次提及公司优惠政策），所以我完全是为您着想。王先生，您看，现在又有客户在交定金了，您可要尽快做决定啊。

王先生：听你这样一说，那就交定金吧！

“接单咨询”“设计方案”“完成签单”是设计师日常签单工作三步骤，其中，接单是前提，设计是基础，签单是目的，而信任是打通这三者之间的钥匙。因此，谈单的过程其实就是赢得客户信任的过程。建立设计师与客户二者之间的信任关系，是贯穿整个谈单销售过程中的思维逻辑。因此，设计师与客户接触时要塑造专业形象，树立双赢理念，提升沟通效能，尽快构建起信任关系，促成签单。

一、塑造专业形象

1. 第一印象的概念

“第一印象”是指人们在相互交往的过程中对不熟悉的人在第一次接触到有关于他的任何有效信息和材料后所形成的最初印象，并通过大脑和基本认知，主观地将该对象的印象进行心理划分和论断。第一印象具有不易改变性特征，心理学研究表明，人类在交往过程中遇到不熟悉的人或事物会在7秒内产生主观感受，而这7秒所产生的第一印象可以让人对该人或事物的态度保持7年时间。

谈单过程中，多数客户为新面孔，谈单者初次见面时的仪表、言行、举止、风度都决定了能否有机会与客户进行下一阶段的沟通，也主导着能否从客户手中获得订单。因此，懂得销售自己才能成功销售产品，留给客户好的第一印象是成功签单的重要一步。

设计师说

莫让第一印象影响你

从第一印象中能获得的有效信息主要包括：表情、仪态、服饰、谈吐、神情等。这些要素虽然看似表象，但却是直接影响人心理认知的关键。根据相关数据统计，在谈单失败的案例中，有80%的人是因为留给客户的第一印象不佳。也就是说，在还未开口说话介绍自己之前，客户就能决定是否要与你进行进一步的沟通和合作了。综合来看，客户的拒绝有三种情况：第一是对设计师本身的排斥；第二是对设计公司没有足够的信任；第三才是客户本身的问题。所以，与客户交流时，应做到亲切礼貌、真诚务实，给客户留下良好的第一印象，并努力通过自己的亲和力和专业素养，引导客户对自己以及公司产生兴趣并建立信任。

2. 怎样留下良好的第一印象

大多数人都会用以往的经验来主观判断一个初次见面的人。初次沟通无疑是成功与否的关键，如果第一印象不好，那么就基本丧失了和这个客户继续沟通的机会，更不用谈如何成交的问题。那么，应该如何做才能让客户对你留下良好的第一印象呢？

（1）7秒印象建立。在这7秒内，以自信、微笑、职业的态度接待客户。

（2）客户需要在20秒之内被关注，如果你正在接待顾客，需要向新进来的顾客微笑致意，并请其稍等。

（3）若客户等待时间超过2分钟，你需要请其他同事来帮忙或让客户看资料图册。

（4）使用礼貌问候语（例：您好，欢迎您来××公司咨询，您请坐），语调柔和，举止要透露出自信。

（5）接待客户时，切勿冷淡，也不可太过热情。

除以上几点之外，初次见面时，视觉和听觉的感受也会对客户感觉产生影响，主要包括以下两个方面：

（1）视觉。衣着、表情、肢体（视觉要素在第一印象中占55%）。

（2）听觉。内容、方式（客户最先听到的内容就是寒暄：尽量找共性话题，目的是调节气氛）。

初次见面中应该注意的细节问题如下：

（1）充分的准备。在见面之前要精心准备好自我介绍、开场话题、问题等。

（2）着装得体。

（3）守时。迟到是谈单的大忌。

（4）用引导性话题让客户尽量多介绍他的要求，以达到了解客户基本需求的目的。

（5）记住对客户重要的信息及客户的私人信息。

（6）避免用自己的价值观对客户的人和事进行对与错的讨论。

设计师说

设计师的衣着观

衣着能够体现一个人的身份、地位、教养和文化品位。因此，在不同的场所着得体的服装，更有机会获得他人的欣赏及尊重。

男设计师衣着以深色西装为宜。若有特别注明的正式场合需穿着正式晚礼服，其他特定主题的场合，要根据主题进行着装，但要注意时刻保持专业性，不可太过随意，以免失礼。尽量不要光头，大多数光头给人的感觉都是不太亲切（除非你是为了产生特殊的幽默效果）。要经常剃须理发，不要留长发和胡须，留长发和络腮胡的男设计师往往给人一种不干净的感觉。

女设计师衣着样式要得体、大方，以套装或小礼服装为宜。若特别注明的正式场合需穿着正式晚礼服。其他特定主题的场合，要根据主题进行着装，但要注意时刻保持端庄，不可暴露。在面容修饰上，要美观、大方、淡雅，可适当化妆，但不得浓妆艳抹；发型应保持明快、舒展，不留怪发、不染奇色，时刻保持站立姿势，自然、端正，姿态高雅，礼貌、得体。

3. 留下良好第一印象的基本步骤

（1）微笑面对客户，给对方一个温暖的问候："谢谢您的光临，很高兴能给您提供专业的服务！"

（2）做出与众不同的开场白。

（3）握手时要注意力量。

（4）与客户有很好的眼神交流。

（5）90秒之内跟上他们说话的速度和音量。

（6）找到共同话题。

（7）真诚赞赏客户。

（8）表现得轻松自如。

（9）主动、热情。

二、提升沟通效能

赞美是商务洽谈的首要步骤，每个人都希望从他人口中获得称赞和认同，所以善于赞美是让客户对你产生良好印象的关键，也是谈单成功的重要一环。这里所说的赞美，不是纯粹的夸奖，而是要以真诚的态度对客户进行夸赞，不要让客户觉得你不诚恳、虚伪；切记不可太过场面化，要敏锐、快速观察客户，要保持幽默和礼貌，要把握适度原则，否则会起反作用。

设计师说

如何才能避免与客户沟通时冷场？

作为一名设计师，你是否曾经遇到以下情况：对客户不熟悉，不知道如何才能和客户愉快地聊天；跟客户见面聊着聊着冷场了，突然安静下来，不知道该如何面对。

如何才能避免以上尴尬情况的发生呢？和客户沟通会冷场的原因也无非是准备不足，找不到客户感兴趣的话题。那么，我们如何避免尬聊、冷场？怎么样才能跟客户愉快地聊天呢？可以从以下几个方面去尝试。

见面前，做好心理预演。对将要和客户见面的场景进行视觉化预演，设想见面过程中客户可能会和我们讨论哪些话题，如何持续和引导整个话题的走向？客户可能会有哪些方面的疑虑？该怎么回答才能打消客户疑虑？针对可能出现的情况，提前做好准备。

见面时，善于观察和总结。尤其是和客户首次见面，建议用少许时间介绍来意，其他时间可选择和客户聊聊轻松愉快的话题。和客户沟通的内容各不相同，但最重要的是和客户道别之后我们要记录和客户见面的时间、天气、讨论的话题、客户的需求、见面的小插曲、客户特点、职业、籍贯、爱好、办公室布局、办公桌上的摆设、衣着、佩戴饰品、自我表现等内容，细节越多越好。下次见面之前，温习以上内容，见面时可以找机会夸奖客户上次穿得那套衣服或者手表配饰很有气质，或者告知根据客户上次提的需求或者他的某个习惯、爱好，我们在设计方案中进行了特殊的设计。客户能够体会到你对他的用心，也更愿意和你进行沟通。

交流的过程中，要主动找话题，放低姿态聆听。尽可能多掌握和了解客户的信息，对客户越熟悉，和客户沟通的话题就越多。只有通过沟通打破与客户的关系，专业能力加上客户的信任才能顺理成章达成签单。当某一个话题引起客户兴趣，他有继续交谈下去的意愿时，我们要将话语权转交给客户，我们安静聆听、适度表达即可。

设计师最大的禁忌就是一上来就和客户谈设计、催客户签单，客户对你没有信任，自然不会相信你的能力。说得越多，客户越厌烦，沟通的场面也就会越来越尴尬。

真的遇到尬聊、冷场、找不到话题的时候，我们首先要判断客户今天是不是真的有很多事情要处理，没有时间交流，还是客户对话题不感兴趣。如果是前者，我们要快速表明来意并及时结束会谈，不至于给客户造成困扰。如果是后者，我们尽可能按照事先设想好的沟通计划，从生活、娱乐、工作、客户需求、方案设计等各个方面寻找话题，并和客户进行沟通，引起客户兴趣，拉近和客户的距离，进而取得客户的信任。

1. 赞美客户

赞美客户房子的优点：

您家的房子地段很好，周边设置也齐全，附近还有……肯定会升值；

您家的小区环境也很不错，你看那……

您家的房子建筑质量很好；

您家的房子户型结构很好，通风和采光都比较合理，这里视线很宽阔；

您家的房子卧室（客厅）很大，很宽敞，窗户也大，住起来一定很舒服……

赞美客户本身：

您这件裙子（手提包、帽子、鞋子、领带、外套、手套、眼镜、发型）很漂亮（别致），您在哪里买的？

您真年轻，您的皮肤很好，您的头发很好，很浓密、很柔顺，您的身材（肌肉）很好，很匀称（很健美）；

您的性格很好，待人和气，我一见到您，就觉得很亲近，很喜欢……

赞美客户家人：

赞美儿童：您孩子很聪明，真可爱；

赞美子女：您子女很孝顺啊，装修房子他们经常过来看看；

赞美子女学习：看您孩子多厉害，上那么好的学校，将来肯定能上好大学（有好工作）；

赞美子女工作：您孩子工作很好啊，是很理想的工作；

赞美爱人：您爱人很好，很温柔（贤惠、能干、很专业、很会关心人）；

除了要懂得夸奖客户以外，在与客户接触的过程中，还要不断发现客户的优点、兴趣、理想和需求，并及时对其予以真诚的赞美，同时对客户的想法予以认同，让客户有知音感、认同感、成就感。

2. 获得客户好感的交流方式

（1）要善于点头说“对”，不能直接否定客户。

（2）要认真聆听，客户的需要要一一牢记，重要的话语要及时重复。

（3）认同加赞美：您说得对极了；您不是从事设计工作的，您要是做设计一定很棒；和您这样的客户交流真是能学到很多东西……

人们对真心关心他的人，都会心存感激，所以设计师要给予每一位客户充分的关爱，站在他的立场思考问题，从客户所关心的价格、设计、质量、环保等角度，帮他想到最好的解决方案。

设计师说

选择话题，了解客户

在与客户交往中，为了增进双方的了解，需要通过一些家装以外的话题，赢得客户的好感。在这一阶段，往往不在于你设计得多么专业，而在于你与客户的关系近到什么程度。少谈设计和装修，多谈一些双方感兴趣的话题，既对设计师了解客户有利，又让双方多一些互动的机会。但交往需要选择话题，有些设计师除了谈设计、谈装修以外，不知道还能和客户谈什么，导致气氛变得凝重，也会显得比较尴尬，不利于双方的后续合作。这里介绍几种与不同类型客户交谈的话题，见表4-1。

表4-1　不同类型客户交流的话题

与女客户沟通的话题	与男客户沟通的话题
您身材这么好，有什么保持身材的秘诀吗？ 您皮肤这么好，有什么保养秘诀吗？ 最近蔬菜涨价很厉害啊？ 听说某商场正在搞促销，您去看了吗？ 最近一部电视剧很好看，您看了吗？ 听说××要来开演唱会，去不去看呀？	最近看中国足球队的比赛了吗？ 您和您太太心态真好，那么年轻！ 最近有个车展，过去看了吗？ 最近这物价纷纷上涨啊！
与年轻客户沟通的话题	**与老年客户沟通的话题**
您们打算什么时候要孩子啊？ 您孩子现在在哪里上学呀？ 您们单位一周休息几天呢？ 您周末一般参加什么活动吗？ 您有没有打算自己创业呢？ 现在要创业还真不容易呢！	您年轻时候，都做过哪些工作呢？ 您们年轻的时候都吃了不少苦吧？ 您有几个孩子？都做什么工作呢？ 您现在还出去参加什么老年活动吗？ 您把孩子教育得真好，对年轻人做人处事有什么指导吗？ 您年轻时都去过哪里呢？
与外地客户沟通的话题	**与儿童沟通的话题**
您们老家现在发展得也不错呀？ 您们老家说话和我们这里不同吗？ 您们那边有什么特色小吃吗？ 从这到您老家有多远啊？ 您每年都会回老家吗？ 您父母现在和您们一起住吗？ 有没有想过回老家创业呢？	你今年上几年级了？ 现在老师布置的作业多不多呀？ 平时喜欢看什么类型的节目呀？ 平时上爷爷奶奶家去吗？ 暑（寒）假上哪里去玩了呀？ 新房子你喜不喜欢呀？ 你最喜欢什么玩具呢？

三、设计谈单脉络，牢牢掌握主动权

按照部分家装公司的分工，有的设计师接待的客户是由业务员引荐过来的，在这之前，设计师并没有接触过客户，双方也都不了解。怎么谈？谈什么？你是否面临过这样的窘境？

第一次见面脑子里不清晰，除了很死板地聊户型、说方案、看材料、谈价格外，你不知道还可以跟客户说些什么，聊完了上面的内容就冷场了，完全没有章法。

我也制定了谈单的步骤，但与客户沟通时，客户并没有按照我设定的流程走，聊着聊着就跑题了，又出现了聊到哪里算哪里的窘境，原先设计好的方案根本就用不上。

我也设计了谈单的流程，但我把控不好每个环节，经常会陷入某个问题不能及时转出，谈单结束或者客户要走时，才发现其实很多地方都还没有讲或者该讲的没讲到，不该讲的啰唆了一堆。

出现以上情况是什么原因？

这三种情况都是因为你谈单前的准备工作做得不够，没有设计完善的流程，或者说你的流程还不够明确。

谈单过程中，你能否掌握方向、掌控过程以及是否能带着客户按照你的思路走很重要。如果你掌握不了主动权，那么你就会陷入客户设计的路线图中。尽管大家有一个同样的目的——装修，但是客户的路线图可能会非常烦琐，并且带有不确定性，你并不是他的唯一乘客，可能还没到终点你已经被他请下车了。所以，在谈单前，就必须制定一个完善的流程，这个流程可以引导客户按照我们的思绪走。

谈单的过程在本质上就是双方互问互答的过程，大多数客户对于装修并不了解，即使部分人有一定装修知识积累，也很有可能是从网络、朋友或者其他装修公司了解到的，在知识体系上属于碎片化的东西，如果我们把提问的主导权让给客户，当他把他关心的信息问完了，他的注意力就下降了，谈单的最佳时机自然也就错过了。

大家一定要多花一点时间，根据自己公司的情况，根据你的优势特长，根据竞品情况，认真地制定一份完善的流程，这非常重要。

四、不同客户应对方案

了解客户的来源，有利于掌握客户的意图和想法，不同来源的客户，有不同的应对方案。一般来说，有以下几种客户来源，见表4-2。

表4-2　不同客户来源特点及营销策略

客户来源	客户特点	营销策略
随机上门客户	可分为两类：一类是有一套还未装修的房子，遇到家装公司顺便看看是否有可取的方案。这一类客户的装修欲望并不是很强，但也是潜在客户，需要做好相关服务，让其将来有家装需求时第一时间能够想起我们。 另一类是正要找装修公司，恰巧看到该公司，就走进去看看。这一类客户装修欲望比较强烈，且部分客户已经有大概的装修想法，需要认真对待，给出合理或完善的方案	不管是哪类随机上门客户，都需要做好服务，给客户留下良好的第一印象，着重介绍公司的企业文化、背景和规模、实力以及企业的业务流程。沟通完能够详细记录客户信息、建立客户档案、派发公司资料、按时推送公司家装信息或活动方案，节假日发送问候或祝福短信，保持电话沟通，但电话联系不要过于频繁，以免造成客户反感
广告上门客户	通过报纸、单页、网络等广告上门的客户	重点传达公司重诚信、在客户中口碑好、楼盘客户选择本公司的户数及告知客户优惠信息，让客户知道选择该公司是高性价比的，是无后顾之忧的
业务上门客户	家装营销部门会根据公司需求适时制定促销活动，部分有房且待装修的客户就会登门进行咨询，这类客户有较强的装修欲望，只要应对方案正确，会赢得一大批客户	市场人员重点做好业务信息解释和介绍，包装好服务客户的设计师，重视公司企业文化的介绍，让客户能够认同设计师以及为之服务的团队，进而认同公司
转介绍上门客户	通过人脉获取家装公司信息并登门咨询的客户，这类客户一般对公司有一定的了解或信任度和依赖感	注重服务质量，优质、高效，让老客户能够感受到被尊重，且因人脉获取到的装修机会确实比较实惠，建立新老客户双重奖励机制，维护友好关系

五、把握沟通节奏，实现高效谈单

设计师与客户现场沟通和交流的过程，实际上是一次买卖双方的博弈。如何控制好整场交流的节奏，对设计师能否顺利签单至关重要。一般来说，设计师和客户每次沟通、交流的时间尽量控制在60～90分钟。

咨询谈单的过程好比行文，也可以分为“审题、谋篇布局、点睛”几部分。

1. 审题

这个过程以客户陈述为主，在此期间，设计师应多角度感受客户在装修方面最关心的话题以及关注点，为下一步谈单找到切入的话题。同时，试探性进行提问，进行信息收集和逻辑推导，对这个单子的总价能承受在什么范围内，达到这个总价最必要的条件，是工艺还是材料，或是风格。为了提高签单的成功率，最好选定一个在必要时可以放弃的条件。因为谈单本质上是一种谈判，要让客户感觉到自己对整个谈判中是有把控的，自己的需求还是能达到的。

2. 谋篇布局

设计师在这个时间段内应快速制定家装初步方案，通过具有说服力的观点、例子，把确保最佳工艺、环保材料、风格营造的设想推荐给客户，吸引双方的关注。切记在这个阶段不提倡让客户交纳定金，否则效果往往适得其反，容易引起客户的警惕与反感。

3. 点睛

当客户产生购买意向后，进入关单环节。关单阶段主要任务是阐述让客户当场购买的必要性。如何阐述呢？可以做如下尝试：今天这个也是一个初步的方案，还有一些问题是要上门量房以后才能确定的。此时，可重点介绍目前公司的一些优惠政策。

当然，设计师能否熟练驾驭谈单节奏，跟所具备的各类知识储备有关，要快速地做出信息收集、逻辑推理、设计初稿等都需要设计师终身不断学习。另外，设计师还要以对方能理解的表达方式和对方沟通，有些设计师在谈单中满口专业术语，但不要忘了，客户不是行业专家，过多的专业术语会影响客户的理解和判断，所以恰当就好。

设计师说

谈单过程中如何掌控语速、语调？

很多设计师在介绍公司及方案时整个环节四平八稳，就像专业客服人员一样，殊不知这对于设计行业来讲，不是很适用。这种方式也很难引起客户的共鸣和信赖，所以说谈判中掌控好语速、语调也是一门非常重要的学问。

优秀的设计师，他们在跟客户谈单中会刻意模仿对方的动作和语速、语调。对方的节奏快、语速很快，他们说话的语速也就变得很快；对方是个说话很慢的人，他们的语速就变得很慢；如果对方是个语速适中的人，他们的语速也就变得适中。

设计师在面对感情冲动型客户时，谈话的语速要快，因为这类人群一般都是急性子；面对沉着稳健型客户时，语速就要慢下来，因为他们更喜欢沉着冷静型的设计师。客户不是行家，他听不懂你所谓的工艺术语，所以当给客户介绍施工工艺时语速要加快；报价涉及客户的经济支出，如果你讲得很快，无形中会增加客户的戒备心，此时语速就要慢下来。

作为设计师，首先，谈单时发音一定要标准，吐字一定要清晰。语言表达能力、普通话的流利和标准程度，都会直接影响你的感染力。其次，声音要洪亮。洪亮的声音带动客户与你的情绪产生共鸣，增加客户对你的信任。再次，语言要流畅。流畅的语言可以增加自信心，同时也获得别人的好感与信任，证明你的专业功底。最后，讲话高低、轻重有讲究。在与客户接触的过程中，要学会控制语调，尽量做到不说则已，要说就要说得有理有据。第五，注意适当停顿。目的是给客户一个思考的空间，让其理解，也是给对方一个表达想法的机会。

六、巧妙应对，避免僵局

谈单时，客户与设计师之间出现分歧是很正常的事情，这个时候，如果双方各持己见、互不相让、毫不妥协，很容易出现僵持不下的局面，以至于谈单无法继续，甚至影响签单。解决这种两难局面最好的办法就是学会及时喊停，适时中止谈单。

1. 避免陷入争执

谈单的最终目的是与客户达成交易，如果谈单过程中因为某些具有争议性的问题而与客户产生不必要的争执，那么就会使时间和注意力过多投入到无关紧要的问题上，会使客户对你的信任感大大降低，甚至会导致谈单终止，流失客户。

想要获得签单，就一定不能在争执上浪费时间，更不能因为无谓的争执伤害双方的感情，要时刻保持自制力，控制好情绪。

2. 转移话题，缓和气氛

谈单过程是双方争取利益的一种活动。从心理学的角度出发，当人们处于紧张的心理状态下，如果注意力被另一个问题突然吸引，那么人的注意力便会很容易放到另一个问题上。所以，在进行谈单时，不妨多聊聊对方感兴趣的事情，在利益问题上产生无法解决的矛盾时，及时转移话题，缓解紧张的气氛，可有效让双方都能冷静下来。

设计师说

面对僵局如何转移话题？

转移注意力是打破谈单僵局的有效方法，也是及时化解双方情绪的策略。当谈单陷入僵持不下的局面时，快速转变话题，及时地缓和凝重的气氛。在化解尴尬之后，以轻松的氛围与客户继续交谈，这样也就可以有效避免让双方陷入两难的尴尬境地中。转移话题这一方式，虽然看似让谈单走了弯路，花了更多的时间，但是以迂回的形式让谈单过程中的障碍被逐个扫清，矛盾一一化解，这也为之后更加顺畅交谈奠定了基础。

转移话题这一方式相对而言难度较大，因为每个客户的注意力都在不同的地方，感兴趣的话题也不尽相同，必须要视具体情况和具体对象来调整所转移话题的内容，这个话题必须抓住客户的内心，要让对方有兴趣，千万不能随心所欲，也要注意转移的新话题与之前谈单内容的关联性，不可天马行空。一般情况下，新话题不要和谈单这一主题有太大不同。

当谈及的内容正在慢慢走向对自己不利的局面时，必须及时转变话题。比如“像您说的这个问题非常重要，所以需要做好详细的调查，再给您汇报，我们先来谈一下……”，或者“关于您说的这个问题是非常正确的，但是我们先来谈一下刚才提到的一个问题……”，再或者“您的意见我先记下了，我们可以换个角度来看这个问题……”，可以顺利转换话题。

由于在转换话题前谈单的气氛已经紧张，这时候就要特别注意用幽默的语言化解尴尬的局面。此时的幽默可以让双方相视一笑，缓和气氛，成功化解尴尬局面，则可以将谈单继续下去。如果谈单双方都能你一言、我一语讲上几句幽默的话，不但原本沉闷、紧张的气氛会消失殆尽，反而还能让双方的关系更加亲近。再去谈论原本有争议的搁置问题，反而会有意想不到的成效。

转移话题除了要内容合适，还要做到找准时机，若时机把握不当反而会冷场。如何转移话题是一个难度较高的化解僵局的技巧，应该时常练习，经常模拟训练，才能在实践中有效运用。

3. 寻找双赢的方式

设计师在谈单时都希望让自己和公司的利益最大化，但是如果只是一味地坚守可有可无的分毫利益，对客户毫不妥协，或者从来不站在客户的角度，从不考虑客户的利益问题，那么这次谈单必定以失败告终。所有利益的实现都应以对方利益实现为前提。

要想达到双赢，谈单时就必须遵守双方利益求同存异的原则。其中，“求同”是指在双方谈到的关于利益的争议性问题中，找到双方利益可以平衡的关键点，结合利益的共性，将双方利益进行互相融合；“存异”是指要接受双方作为对立的两方产生差异的不可改变性，并且从所出现的差异中看到机会，认识到差异也能给彼此带来利益。想要双赢，就必须尊重对方，同时尊重对方的正当利益，双方各自做出退让，协调中和双方的利益，以共赢为最终目的，找到对双方更有利的合作方式，制定出能最大化满足双方需求和正当利益的条约。

要想实现双赢，在谈单之前就必须清楚地知道自己想得到什么，并全面了解客户，了解客户的需求，设身处地多为客户考虑，多问问自己“我应该达到什么样的结果？如果我是客户，听到我自己的观点，会产生什么样的反应？当被客户反对时，我应该用什么方法来解决?”不要认为自己和客户利益的差异就一定是谈单中的阻碍，也许这种不同正是客户找到你并且愿意与你谈合作的原因之一。遇到谈单僵局时，要多与客户谈共同利益，以及如何巧妙化解双方利益的分歧，这更有利于双赢。

4. 设定期限，结束“持久战”

谈单时，没有设定明确的期限，双方就不会有任何压力。如果其中一方先向对方提出了最后期限和最终解决问题的条件，则会促使对方陷入一种紧张状态，对方会认为如果不能快速决定将会失去这次机会。

谈单内容非常复杂，条约也十分详细，导致谈单变成一场耗费时间、人力、物力和财力的“持久战”。

七、应避免的问题

1. 随时反驳客户或打断对方说话

反驳客户时，就是间接地说他错了。客户在消费的时候都不喜欢被否定，即使客户有错误，显然也不愿意被当面指出。当面反驳客户只能是一时痛快，对于设计师和业务员来说没有任何好处，还容易给客户留下狂傲自大的印象，导致其反感。如果客户质疑我们，只需要做出适当的解释即可，切记不要站在对立面去交流。当客户在侃侃而谈的时候，去打断他也是非常没有礼貌的。

2. 故意夸大室内设计的作用

有的设计师和业务员为了能够签单，故意夸大室内设计的作用，谈单时说得天花乱坠。这种做法会让客户感觉是我们的自我吹嘘，不值得信任。另外，一旦验收时没有达到所描述的效果，客户会感觉上当受骗，反而适得其反。因此，应当客观公正地描述，也可以给客户看之前完成的比较优秀的案例。

3. 随意承诺

为了能够签单，许诺低折扣或无法实现的服务以及其他承诺。当无法兑现承诺时，客户自然会质疑你的可信度，甚至人品，从而影响签单的顺利进行。尽可能在自己的权限内决定事情，实在不行则请示上级批准，一定要让客户感到你已经尽自己最大努力帮助其争取最多的利益。

4. 攻击竞争对手

用贬低别人的方式来抬高自己，是一种非常不可取的行为。假如客户没有提及其他公司，我们尽量不要主动提起，更不要背后议论或者攻击竞争对手。为竞争对手说好话，显示的是一种宽容和大度，同时是在间接地褒扬你和你的家装方案。

5. 盲目表达个人喜好或意见

室内设计是很主观的，所以在设计思路上出现分歧是难免的。客户往往喜欢与赞同他们喜好的人交流，假如你强烈表达与客户相反的意见，他可能就不想签单。当客户对我们的设计方案不认可时，更不能情绪化。

6. 言谈过于侧重理论

客户一般都不是专业人士，所以才会找到我们为他们服务。过于书面化、理论化的描述，会让客户感觉操作性不强，不容易理解，达成目标太过困难，进而影响签单。设计是一种视觉艺术，要通过视觉语言来表达。正确的方法是应当充分利用各种工具，多给客户看案例、图纸、照片、工地、样板间，这样才能有一个直观的了解。

7. 过早谈报价

在设计方案确定之前最好不要报价。方案没有确定之前的报价既不准确，也无意义。如果客户非常关心报价，可以先给出一个常规价格区间，或者给客户看一下你做过的高、中、低不同档次的报价，让客户有一个基本的了解即可。

8. 轻易对客户下定论

作为一名优秀的设计师，在不了解客户的真实情况时，不要轻易地给客户下结论，有很多设计师经常会在这一点上犯错误，从而导致无法挽回的结果。有些销售人员与客户沟通后，或初次看一眼客户的表情就过早下结论，一旦对客户有这种想法，很可能让客户产生不满情绪，也使自己失去拿到订单的机会。

设计师说

不要表现得比你的客户更聪明

小陈是非常优秀的室内设计师，毕业于著名高校室内设计专业，热情、阳光，专业能力没得说，总是能做出令人惊艳的设计方案，但每个月公司的业务量排名小陈却总是垫底，这是为什么呢？

我们持续跟踪，对他的谈单过程进行了详细的分析研究，发现小陈在和客户交流中积极仔细回答客户的问题，但他总是习惯性占据主导地位，多次打断客户说话。有时候客户描述装修时存在专业知识上的偏差，小陈也毫不客气地打断，当面指出对方的错误。一番交谈后，客户的脸色已经很难看了，小陈还是很卖力地向客户介绍自己的设计方案、描述自己的设计思路，最终谈单的效果可想而知。

那么，小陈为什么会出现这样的情况呢？无非是他存在以下几点认知上的偏差：

- 想急切地向客户表达：我懂你。
- 我是内行、装修专家，客户是外行、用户。
- 我是设计者，客户是使用者。

其实这是很多设计师常见的一种心态，简单概括就是：我懂，你不懂。

但是事实果真如此吗？

首先，急着去表达、评价，甚至急着去给建议，其实我们连听都没听懂客户真正想要表达的是什么，就无法探求客户内心对设计的真正需求。

客户在表达设计需求的时候总是被打断，会觉得自己没有得到应有的尊重。因为一点无伤大雅的小问题，被毫不留情地当面指出错误更会引起客户的难堪。

试想一下，谈单过程中你是否也存在这样的问题呢？跟客户沟通时经常说“嗯，好的，明白了”，但自己是否真的明白客户的真实想法和内在需求呢？客户了解自己的生活习惯，真正的问题和需求只有他自己最清楚，作为设计师要做的是引导客户说出需求，而不是去打断他。

心理上注重、行动上尊重客户。在发掘客户需求的同时，耐心倾听，给客户展示自我的机会，让客户得到认同感才是保证双方和谐相处的最佳途径。除此之外，设计师还可以向客户请教问题，然后赞扬客户讲得好、做得好。这样的认同比单纯语言上的肯定和赞赏更能激发客户的表达，让他感到开心，更容易让其喜欢我们和我们的设计。

“聪明反被聪明误”，总自以为聪明的人，往往是问题最大的那一个。急于表现自己的机灵与聪明，未必是好事，认真倾听，不懂就问，才是聪明人的选择。

知识训练营

1．在与客户产生分歧或矛盾时，应该如何巧妙化解？

2．根据谈单流程的内容，思考在每一个步骤中容易出现的问题，并找出解决方法。

3．谈单过程中应当避免哪些问题？

4．客户询问公司设计师待遇时，我们应该怎样回答？

____

____

____

5．添加客户微信后，如何给客户留下良好的第一印象？

____

____

____

第三节
谈单过程中的关键步骤及注意事项

他山之石

小刘今天领着客户看样板间，看完之后，客户对样板房的效果十分满意。

回来的路上，客户说："你们现在带我看的是你们的样板间，质量肯定是没问题，但是我怎么知道装修我的房子的时候你们还会不会这样做？"

面对这样的疑问，小刘说："很多客户当初都有您这样的担忧，一旦和我们合作后，再也不会有这样的怀疑。您可以拍照记录下我们现在工地的所有细节，因为我们做标准工程就是精细化的。现在大家都不怎么相信广告了，都是相信口碑的，为了有好的口碑，我们也肯定会把每一个工程做好的。"

客户考虑了一下，说："嗯，也是。"

小刘说："您的工程完工之后还请给我们介绍几个朋友呢！"

客户说："只要做得好，自然会介绍的。"

小刘说："那我先提前谢谢您。我们马上到公司了，签了协议后，今天回去我就给您做具体细化设计方案。"

现在的室内装修市场已经从价格竞争转向品牌、服务和品质的竞争。因此，家装企业一定要强化内在质量管理。

在签约之前，需要先观察工地，然后才能确定的客户大致在70%左右，而在施工中，平均每个工地的被参观人数大致为15位客户。这足以说明绝大多数的客户都比较注重施工，客户都想眼见为实，通过观察工地来考察合适的装饰公司。

施工工地的营销也是最为省钱和最具说服力的营销模式，有利于提高签单率，有利于激发"口碑裂变"，同时能有效地提升工地的管理水平和质量水平。

一、看工地

客户提出去参观工地，会起到怎样的效果？

意味着客户对公司的认识会更深一步，甚至因为看了工地后，客户更加坚定对公司的信心，最后顺利签约。当然，还有另外一个结果：客户跑单了。那么你希望看到哪一种结果呢？是否能通过陪同客户参观工地之后取得良好的效果，很大程度上取决于带客户看工地时所做的工作。

（一）前期准备工作

保持对公司在施工工地的了解与进度掌握，会让你在和客户接触时可以很自信地谈到工程质量，而且这对客户非常有吸引力。当然，必须在平时的工作中加强对工程方面知识（材料、工艺、进度与质量等）的不断学习。带客户看样板间之前，下面的准备工作必须要提前做好。

1. 客户信息收集与分析

并非每一位客户都喜欢去看大房子或者豪宅的装修，如果能比较全面地了解客户的情况，如房子的户型、面积、所属小区以及客户喜爱的风格和要求、装修拟投入费用等，那就可以有的放矢，选择一个合适的工地参观。千万不要忽略了这一点，对客户综合信息了解得越详细，分析就越细致到位，同时也意味着下一步的工作越能有针对性地开展，这是一个良好的铺垫。

2. 工地确认与参观时间选择

选择合适的时间，而且一定要考虑到客户的时间是否合适。

3. 确定讲解内容及可能遇到的问题

通过在现场给客户进行简单的工艺与材料、施工流程、质量与监督等方面的内容介绍，间接进行公司的优势与强项的宣传，不仅可增强自己的信心，更能感染客户，并增加客户对你的好感与信任。

设计师说

施工工地现场讲解的重点

工程安全：任何人都关心安全，尤其是自己今后的家居生活，环保、煤气、电路、水路、暖气等都直接关系到安全问题，所以适时引入安全话题，客户会明白你是在时刻替他们着想。

工艺与质量：让客户感觉到公司非常重视质量，最好在谈到工艺与质量时能就现场的施工来举例说明，让客户真切地看见与感受到。

公司的监督力度：介绍公司的监督力度和相关环节，也是在提升公司的品牌知名度和美誉度。

（二）参观过程中注意的问题

1. 学会让客户发言并观察其反应

建议设计师在带客户看工地时不要只是一味地讲解，要适时有一些停顿，让客户发表一些看法或者提出问题。

在施工现场客户所提出的问题和感受，对于我们开展下一步工作很有帮助。

举个例子，如果客户很仔细地看木作产品，或者用手去触摸墙面，那说明客户很关心质量；如果客户边看边问一些关于铺砖、刷墙的费用问题，那说明他同时还很关注价格。

2. 回答客户在工地里提出的问题

客户经常提出的问题有：为什么工地会这么脏？你们的电线是几个平方的？有的公司用的是塑料管（PVC管）（或者铜管），你们用的是什么管子？你们所用材料的价格是不是很贵？……

设计师说

参观施工工地注意事项

看房责任人要组织好所带客户，要注意保护好业主的物品，尤其是木地板。须带鞋套，并叮嘱客户穿上鞋套，客户从公司员工的服务细节就可以看出对客户负责的态度，对公司注重客户利益可以管窥一斑。

看工地时，要注意一次最好只带一户，避免客户之间互相影响，反而使客户看房之后产生负面影响。

看房时要热心为客户做好解说，看房后及时了解客户的感受，询问其是否感到满意，如不满意，是对我们所做的哪些工作感到不满？我们要勇于承认，并通知相关人员予以改进。如果客户感到满意，设计师要及时向客户推出量房程序，说服客户早日量房，让其成为准客户。

（三）参观之后注意事项

施工工地参观结束后，设计师必须要对客户进行有效保护，尽量在参观完后引导客户到公司再进行详细的沟通。如果客户在看工地之后要自行离开，那也要将客户送出小区，而且要送上车。

二、收取定金

一般情况下，设计师要收取客户定金，才会启动设计方案细化、施工图绘制等服务，进而签订合同，达成与客户签单的目的。那如何才能让客户交定金呢？

很多设计师方案做得很好，跟客户也聊得不错，就是成交不了，一到关键时刻就有意外情况，觉得不好意思开口收取定金。

只要你判断进入了可以提出成交的阶段，就可以请客户马上下定金，告知交纳定金的好处以及客户要完成的内容，促使客户签单成交。

很容易判断对方是否已经进入到这个状态了，如客户开始纠结设计方案的细节问题，他开始关心价格，问你有没有赠品，他说要回去跟家人商量，他说觉得这价格还是有点高，说自己现在没有足够的资金……

这个时候，我们要一步一步地追问，直到找到真正的抗拒点为止。例如，你问："还有什么需要考虑的吗？"他说："我回去跟我爱人商量商量。"你继续问："那您爱人会关心哪些问题？"，他说："我爱人关心……"那么再追问，一步一步追问下去，找准客户的抗拒点，解决这个问题，你就可以提出成交了。

我们也可以采取一些促成客户交纳定金的办法，比如当场交定金送一些礼品，或送一些购物的优惠券，然后告诉客户交纳设计定金以后，就可以为客户提供专案服务……

总之，要把握时机，适可而止，也不能太过急于求成，否则会把客户吓跑。当然，即使客户没有同意，也不要灰心，继续跟进，寻找下一次的签单时机。

设计师说

适时收场与恰当道别

小王是刚入行不久的新手设计师，由于工作主动、热情，所以很快就有了自己的客户，但业绩并不理想。眼看着月底就到了，自己还没做成一笔交易，内心很着急。就在此时，一直在联系的一个客户决定过来签单，经过简单的沟通后，顺利地交纳了定金，可是手续办理完成之后，小王却不知道接下来该怎么办，不敢先离开，也不知道该如何提出送别客户，就这样呆坐了两分钟，还是客户主动对小王说："王设计师，现在没有别的事情了吧？"小王才起身与客户握手道别。

新手设计师可能都会遇到小王这种情况，尴尬局面的形成是因为他不懂如何与客户道别，也不知道怎样做才是合适而友好的道别方式，再加上当时完成了签单后激动的心情，可能就不知所措了。每个设计师都应该明白和客户友好道别的重要性，这也是谈单中很重要的环节。

完美的道别可以为后续与客户沟通奠定好的基础。签单后的分手，只是做好后续工作的开始。沟通结束时，设计师要有恰当的收场，既不能过于兴奋或者对客户过度恭维，也不能表现得太过冷淡。在与客户道别时，设计师面对客户，在态度上有诚恳的表示，在言辞上有得体的话语，在行为上有礼貌的举止。

成交以后，设计师匆忙离开现场或表露出得意的神情，甚至一反常态，变得冷漠、高傲，这些都是不可取的。达成交易后，设计师应该用恰当的方式对客户表示感谢，祝贺客户终于选定了设计方案，让客户产生一种满足感，对此点到即可。随即就应把话题转向其他，如具体地指导客户如何正确地收房、如何办理装修手续、如何购买配套软装和家具，以及沟通后续装修的细节等。

不仅要体现友好，还要注意道别的时机。设计师是否应立刻和客户道别需酌情而定，关键在于客户想不想留下来了解更多的内容。有的设计师认为，成交后马上送客户离开，可以避免对方反悔。其实不然，如果沟通工作做得扎实，客户确信方案、价格对自己有利，是不会随便更改主意的。

若未让客户信服，即使设计师离开现场，客户同样可以取消签单或者要求更换设计师。因此，匆忙离开现场往往使客户产生怀疑，尤其是那些犹豫不决、勉强做出签单决定的客户，甚至会懊悔已做出的决定，或者反悔，或者在后续签订合同、装修过程中设置障碍，使后续装修过程变得困难。

签单后，也不宜长久逗留，只要双方皆大欢喜，心满意足，这种热情、完满、融洽的气氛是离开现场的最好时机。

设计师说

设计方案的差异化

谈单的一个关键就是设计方案的差异化。差异化给你一个标签，使你看上去与众不同，吸引客户眼球，引起客户的注意和兴趣。这是在具体签单的过程中必须要标明和做到的。唯有这样，客户才会对你和你的设计方案多一些关注。

设计师如果不提炼设计方案的差异化，就会使自己的人和设计作品模糊化，泯然于众，结果自然是被客户忽略，最后必然陷入价格战的泥沼，因为你没有其他的优势，就只能主动降价求单。

三、看方案

设计师向客户介绍家装设计方案的基本法则可总结成三点：展示，说明，发问。

（一）看方案前准备

1. 方案一定要精心准备

家装设计谈单成功的一个重要步骤，就是精心提出解决方案，发掘和体现家装整体方案对客户的价值。这个方案，包括设计方案、材料和预算方案等全部图纸文件。设计师精心准备设计方案非常重要，这是设计师在充分了解家装客户真实需求的基础上，运用自己的设计专业知识和经验而提出的差异化解决方案，凝结着设计师的汗水和智慧，是能否真正打动客户签单的基础。

2. 构思好2～3个备选方案

由于客户可能还与其他公司联系，所以你出的方案客户会在心中有一个对比。因此，必须要在方案的形式和内容上能够体现差异化。首先是形式，即让客户看到你的方案比别人多且全面。再次是内容，将施工流程、配套方案都做出来。那么即使你的方案不是最好的，但你的内容是最多的，客户看到你在这么短的时间内就做出了如此多的方案，说明你对他比较重视。

3. 要事先想好与客户沟通的内容

站在客户的角度沟通，让客户感受到你的真诚，争取打动客户。对客户信息（如人口、文化、性格等方面）也需一一了解和掌握。说服客户接受预算报价。对同行服务、报价、长短处充分了解，做到知己知彼，发挥本公司长处。

（二）解读设计方案

设计师在解读设计方案时可参照如下逻辑：

（1）这个家装设计方案如何满足客户的需求定位？

（2）哪些方面符合客户对未来生活的预期？

（3）描述了什么样的生活方式、功能或生活优势？

在解读设计方案时，设计师可添加一些生活情节来增加谈单内容与情趣，引导客户进入你所叙述的生活情境。比如：说到厨房，可与客户谈谈美食；说到儿童房，可以谈谈孩子如何照顾；说到老人房，通过设计让老人享受到生活的温暖和便利；说到主卧、客厅，也可以谈风格、文化等。在交谈的过程中，如果你发现客户有些疲倦或注意力不集中，可稍微提高音量，对某个细节进行强调。如果客户对某个细节有兴趣，这时候就要尽量找一些图片，或找出你预先准备好的一些其他资料，来支持你的说法，激发客户参与的兴趣，客户的参与感是成功的要件。

（三）善于解决客户的反对意见

设计师一般都认为自己给客户精心设计的家装方案有很多突出的特点，但是遗憾的是，客户并不是这样认为的，他们往往有自己的想法。设计师欣赏的地方，也许客户并不感兴趣，而设计师没有注重的，也许正是客户认为非常有“价值”的地方。站在不同的角度，客户和设计师有着不同的关注点。

解决好客户提出的疑问和反对意见是设计师谈单必经过程之一，但它的重要性也在于此，一旦处理好反对意见或消除了疑问，实际上也就扫除了签单的障碍。设计师在面对客户疑问和反对意见时应遵循3条原则：

（1）应该很有风度地听取和回应客户提出的反对意见。

（2）要会赞美客户提出的每一项反对意见，把它当成是对你设计方案的一种见解，一种可以探讨的不同认识。

（3）适时向客户请教他反对的理由。

四、报价

凡是在家装市场工作过的室内设计师几乎都有一个共同的感受：无论你怎样尽心尽力为客户精打细算，客户总是嫌工程报价太高。这个带有普遍性的问题，已经成为严重影响设计师与客户合作成功的障碍。解决好这个问题，不仅可以快速提高设计师的业绩，还可以增强设计师的自信心、提高公司的知名度。

工程报价应遵循实事求是的准则，任何一份不切合实际的报价单，都会导致合作的失败。报价单要切合的实际就是客户的需求与资金投入能力。家装客户的需求大致有两点：

（1）装修的内容要既美观又实用。

（2）装修价格要合理，装修质量要高。

家庭装修的资金投入能力是依据其经济收入、消费心理（价值观念）、消费需求决定。如果客户认为“值”，就会不遗余力投入资金，反之，则会患得患失。这个“值”，其实就是价值；针对家装客户来说，就是装修工程呈现的效果与实际价值是不是所投入费用的真实体现。

谈单的议价原则主要包括以下几点：

（1）对报价要有充分信心，不轻易让价。

（2）不要有底价的观念，除非客户能够下定金。

（3）不要在客户出价基础上作价格调整，因此，不论客户出价在底价以上或以下都应回绝。

（4）要将让价视为一种促销手法，让价要有理由。

设计师说

客户议价时我该怎么办?

很多新手设计师会害怕客户跟我们议价，以为客户议价说明嫌贵了。但事实恰恰相反，绝大多数情况下，客户肯跟我们议价是一个好的信号，说明他在考虑是否要和我们签单，报价在客户可以接受的范围，才会考虑到议价的问题。

何先生是一个了解价格还愿意跟我再谈的客户，我的准客户之一，他第三次坐到了公司的谈单区。他觉得我给他的报价还是太高，询问可不可以给个打折优惠，我在想："这太好了，要优惠说明他对公司认可了，价格也是在他的承受范围内。"我回答："老实说，我们公司是不打折的，但何先生我们也一回生二回熟了，作为朋友，我有必要向公司领导申请一下（这里使用一个模糊的最高权威），看看领导怎么说，因为我并没有这个权力。但我想先问一句，如果公司领导同意了我的申请，何先生您能拿出你的诚意嘛?"他随后说："行，我今天可以先交定金。"

通过要求对方做出回报，让签单所需要做出的让步更有价值："既然是在谈判，为什么要免费让步呢?"在签定金协议的时候，业主何先生又说；"可不可以再送我全房的开关面板?"我说："何先生您今天如果直接签合同，我可以再向公司申请。"

如果对方知道每次要你做出让步都要付出相应的代价，他们就不会无休止让你一再让步。

与客户谈单的过程实际上就是不断沟通、创造价值的过程。双方都在寻求对自己最大利益的方案的同时，也满足对方的最大利益的需求。所以，当客户提出降价的请求时，我们应当充分沟通，不要轻易让步，否则若将自己置于极其被动的地位，客户可能会一再提出要求。

优秀的业务谈单并不是一味固守立场，寸步不让，而是要与对方充分交流，从双方的最大利益出发，寻找解决方案，用相对较小的让步来换得最大的利益。

为了在关键问题上获得客户认同，设计师可以先在细枝末节的小问题上表示适度的让步，让客户感受到你的诚意，同时也要让客户感受到你做出让步的艰难。如果轻易让步，客户一定会以为有更大的让步空间。最后，记住关键的一点：做出让步的同时不妨索取回报。

五、签单

（一）影响客户签单的因素

客户在签单前到底考虑哪些因素？客户不签单又是什么原因？一般来说有以下几个方面：

（1）客户对公司不了解，不信任，害怕签单以后会后悔。

（2）害怕决策错误，造成装修费用与装修效果不相符，花冤枉钱，或者造成家庭资金损失。

（3）客户对家装不了解，怕把钱交给公司后，后期遇到其他状况不知如何处理。

（4）客户害怕签单后将家装的控制权交给公司或设计师、施工队。

（5）客户不知道如何对质量、工期、进度进行把控。

（6）客户不知道所签订合同的法律依据和消费者权益保护的内容。

（7）客户不知道公司所派的施工队是否好合作，是否能尊重客户，是否能为客户着想。

了解影响客户做出签单决定的这些因素，设计师就应该针对客户担心的问题，因势利导，让客户放心。

（二）把握签单时机

把握签单时机重在抓住客户的购买信号。在谈单过程中，当客户听完设计师的方案说明之后，一般都会在表情或行动上多少表现出一些有关签单与否的信号。设计师要学会慧眼识人，判断客户的意图，并抓住这些信号和稍纵即逝的机会，勇敢地向客户提出成交建议。

设计师说

客户准备成交的信号有哪些?

在家庭装修谈单过程中，客户往往不会直接提出签合同，但他会不自觉地表露一些潜在想法和态度，如果设计师能够抓住这些信号，加以引导，对促成交易非常重要，即使客户说“不”，只要设计师不气馁，抓准时机，也可以获得更多的信息，以便将来成交。那么怎样才能增加成交的机会呢？这就需要设计师在谈单过程中努力用心倾听，捕捉和识别客户准备成交的购买信号。

购买信号是指客户通过语言、行动、表情表露出来的购买意图。一般来说，签单意愿启动的时机有以下几点：

1．询问装修的细节

客户询问装修包含的细节及装修效果时，实际上他已经发送成交信号。一般来说，当客户无心购买时，是不会浪费时间询问装修细节的。

2．询问装修的价格

当客户询问装修的报价，与你展开讨价还价，要求降低价格时，实际上他已经发出了购买信号。

3．询问装修施工周期

当客户关注施工工期，询问水电改造、泥瓦工程、油漆工程等施工工艺方面的问题时，这是他在向你发出购买信号。

4．询问装修售后服务

客户仔细询问公司的售后服务内容时，实际上他是在向你发出购买信号。客户只有真心想跟你成交时，才会关心后期的服务。

5. 行为上的信号

当客户不停地翻阅公司的资料，犹豫不决，开始与其他人商量，对你所陈述的话题表现出兴奋的表情，身体向前倾斜、不断点头等都可以视为准备购买的信号。当然，有一些购买信号不是十分明确，这就要求设计师细心地留意客户的一言一行，准确理解客户的意见，大胆向客户提出签单要求，抓住机会，促成交易。值得提醒的是，有时客户虽然有购买意向，但仍会提出一些反对意见。这些反对意见也是一种信号，说明只要解决了这些意见，双方就有可能很快达成协议，促成交易。当然，有些反对意见并不是真正的反对，客户甚至都不会把这些反对意见放在心上，这需要设计师认真分辨。

（三）及时成交

客户对于装修的问题和担忧已经基本解决，双方已经有了一定的信任基础，但是客户还是犹豫不决，这时设计师要让对方做出最后决定，可以尝试使用以下方法。

1. 假定客户已同意签约

当客户一再出现购买信号，却犹豫不决时，可采用这个方法，使对方按你的思维做决断。如现在下订单，下周您就可以看到效果图了；您看您对比了这么多，也辛苦，现在我们就把这事定下来，就不要再为装修奔波了。

2. 帮助客户挑选

一些客户即使有意向，也不喜欢迅速签单，而是在风格选择、家装效果等问题上打转。这时，我们要审时度势，消除客户的疑虑，而不要急于谈签单的问题。

3. 建议成交

既然一切都定下来了，那我们就签协议吧；您是不是在付款方式上还有疑问？您是不是还有其他什么疑问？还有什么要咨询吗？我们先签协议吧，我也开始准备下面的工作，尽早确定方案，进行施工；您这么信任我，信任我们公司，我很荣幸，也相信您会放心把房子交给我们团队；您看设计方案已经确定了，按照流程，我们应该启动下一步工作了，请您把手续办一下，我现在就领您去工地看一下，给您做详细的讲解。

4. 活动激励

这是我们历年来最大、最优惠的活动了，机会难得；告诉您一个好消息，我们公司干活最好的一批工人马上完工，这个时候下订单可以给您安排这批工人，而且给您的项目优惠真的非常大。

5. 做出保证

您放心吧，我会用心把您的家当做自己的家来装修；您刚刚所顾虑的问题其实都是我们考虑的基本问题，相信我，绝对没问题，放心把工程交给我们；如果您对设计方案有不满意的地方，尽管提出来，我们会做到您满意为止。

设计师说

“我再考虑考虑”背后的思考及应对

设计师一定有过以下遭遇：为了说服客户签单，你上门量房用了大量的时间，熬夜画图花费了大量的精力，打了无数个电话，发了无数条短信，客户就是不为所动，每次都以“不着急”“先看看”“再考虑考虑”“没想好，再看看”之类来回答你。对于设计师来说，这种情况可谓是司空见惯。那么，遇到这种情况，我们通常又是怎么应对的呢？

绝大多数情况下，设计师会顺着客户的要求说：“好的，好的，那我就不打扰您了，如果后续您有什么问题或者需求可以随时联系我。”少部分设计师可能会发扬钉子精神，锲而不舍，坚持与客户找时间再谈，甚至约好了下次见面的时间和地点。

对待客户你不可以不友好，对待工作你不可以不踏实，但仔细回顾一下，上述做法最后能签单的可能性有多大？客户如果想签单可能也早就签了，正是因为内心有顾虑，才会考虑。那客户真的是在考虑吗？他考虑的又是什么？还要考虑多久？这些本质的问题你不解决，你们的沟通就是答非所问，两个人根本就不在同一个频道上，结果就是除了让客户更加犹豫、举棋不定外，毫无用处。

我们先来看一下“再考虑考虑”背后的含义，也就是客户到底在顾虑什么？无非以下几种：

- 装修是大事，家里还要讨论一下。
- 价格还能不能再优惠。
- 性价比是否最合适。
- 质量问题很关键。
- 售后服务如何保障。

对于设计师，当客户提出“再考虑考虑”时，怎么办呢？要第一时间给出客户你的正面回复，现场打消客户疑虑，然后趁热打铁，引导客户签单。

1．想办法找出客户的抗拒点

“您的顾虑我完全理解，装修房子是大事，我们的大多数客户在签单之前都需要时间考虑。冒昧请教一下，您主要是考虑成本还是质量？还是您对我们公司还不太了解？”说完后将时间留给客户，等他来回答。这个时候切记不要多话，目的就是弄清楚客户的顾虑是什么，有没有其他的顾虑。

2．查清真相

装修谈单中，当客户说："我再考虑一下。"大概率意味着他们已经做出了判断，委婉地将你拒之门外了。这个时候，对设计师来说，这类客户就很尴尬，如同鸡肋。继续跟踪可能意义不大，徒劳赔上时间和精力，放弃又有些可惜，毕竟前期付出了那么多。如何应对？不妨勇敢地问一下客户："可以告诉我您的情况吗？"很多设计师不以为然，这样问，客户极有可能说："我们真的不需要。"这岂不是给自己难堪吗？实际上，只有你大胆向客户询问他的真实情况，才有可能真正了解他的想法，有的放矢，逐个击破，就算客户真的是不需要，那又有什么关系呢？你又没有失去什么。

3．问客户到底在考虑什么

"我知道了。冒昧问一下，您考虑的具体是什么呢？我怎样才能帮到您？"

有时候，当客户说："我还要考虑一下"，他们实际上是在考虑之前获取的信息，正处于选择判断的关键时刻，或许他对你的优势还没有全面了解。这个时候，你就不能让客户独自去思考这些问题，你应该及时介入，帮助客户思考，针对客户的需求进行优势营销，利用利益最大化来引导他们尽快下决定。

4．向客户说出你的看法

"您的想法我理解，但在我看来选择我们是最合适不过的了，我们公司经办的类似项目很多，经验非常丰富，纵观整个××市，我们公司无论是在设计水平、工艺质量，还是材料资源上都是较强的。"站在客户的角度，有理、有据、有节地向客户表达你的看法，用真诚去感动客户。还是那句话，销售的本质是对人的信任，你获取了他的信任后，离签单就不远了。

5．弄清楚谁做主

"我理解您的情况。毕竟家装涉及家庭所有成员，需要我再给您提供什么资料方便您和家人沟通吗？或者什么时间约一下您的家人我们一起见面沟通？"

在决策的最后阶段，客户可能需要与家人商量才能做出决定。所以你要适当地引导客户把我们的优势提供给家人，帮助他说服家人。

6．告诉客户你会继续跟进并设定时间

"没问题，您好好考虑一下，那我下周一再联系您，您看如何？"

客户说："我还要考虑考虑"，那要考虑到什么时候呢？你如果不问，这个考虑对客户来说就没有时间上的约束，过去了也就忘了。我们应该给客户设定一个考虑的期限，通常5～7个工作日为宜。

六、合同签订

家装合同，一般称为《室内装饰装修施工协议》，是由装饰公司与客户之间为顺利、圆满完成双方约定的家装工程所做的关于双方权利与义务的书面协议。从法律角度来说，它既是一种承揽合同，也是一种建设工程合同。

（一）签订规范

1. 合同、补充条款部分

（1）合同、补充条款、报价单、图纸上必须签字齐全、规范。

（2）甲、乙双方各自应填写的项目必须齐全规范。

（3）凡甲、乙双方签字部位的月、日必须一致。

（4）合同中工程地址必须详细，区（县）、门牌号（路、街号）、小区、楼、单元（门）、室（号）。

（5）合同文本中“其他未定条款”，需填写内容必须请示部门主管、经理批准后方可填写。

（6）合同中的总金额与报价单总金额必须一致。

（7）合同总金额的大小写必须一致。

（8）合同文本中“工程款支付方式”必须按公司规定方式。

（9）合同封面甲、乙方必须规范、工整填写。

2. 报价单部分

（1）报价单各项累计必须准确，报价单总金额与合同总金额必须一致。

（2）报价级别必须准确。

（3）报价单上的客户姓名、开工及竣工日期、联系电话、工程地址必须与合同一致，详细、工整。

（4）报价中多项、漏项和工程量增、减量相加不得超过合同总金额的5%。

（5）补充报价中特殊的把握不准的项目必须请示工程管理部。

3. 图纸部分

（1）图纸必须标注名称。

（2）平面图须标注内方尺寸、门窗尺寸，标明材料及做法。

（3）天花平面图须标明材料做法，造型部位必须标有剖面图。

（4）主要墙面必须有立面图，标明尺寸、标高、材料做法。

（5）柜、橱、桌等家具木制品必须标注详细尺寸。

（二）注意事项

（1）在合同未签订前，一定要让客户正确理解预算，合同中规定的施工内容以预算上标注的施工项目为准，预算中未包括的施工项目不在施工范围。

（2）将合同给客户阅读，而客户未当场签订，应将合同及时收回，不得遗失合同。

（3）凡需要客户签字的地方，一定要让客户亲笔签字，不得代签或漏签。

（4）合同签订时，应使用碳素钢笔，不得用其他笔，也不得使用复印纸。

（5）应明确告知客户，一切以合同及其附件中的内容为依据，设计师口头承诺和施工中其他人员的口头承诺均为无效，施工中如有增减改项的需要，应填写增项单或变更单。设计师没有必要做无效的口头承诺。

（6）涉及税金和发票时，应在合同的总价款中增加相应的幅度。可在预算和合同总价款中作出这样的规定：总价款××元，其中税金××元。

（7）与委托代理人签订合同时，一定要其出具由客户亲笔签名的《委托代理书》。

（8）涉及相关法律法规包括：《合同法》《消费者权益保护法》《住宅工程初装饰竣工验收办法》《住宅室内装修管理办法》等，在合同签订之前必须认真参阅，并且在签订合同时，严格遵守相关法律法规。

（9）合同签订后，设计师再检查一遍，看有无漏签的文件或内容，并请客户确认无误后转交给客户一份，叮嘱客户妥善保管，并应在第一时间将合同递交公司主管人员存档，以免丢失。

知识训练营

1．模拟看施工工地时客户可能感兴趣的要点，并一一解答。

____

____

____

2．客户参观施工工地时最希望看到的是什么？作为装饰公司，应该如何管理施工工地？

____

____

____

3．两人一组，分别模拟设计师和客户，进行收取定金情景模拟。

____

____

____

4．当客户对设计方案提出疑问时，应该如何与客户交流，并化解质疑？

____

____

____

5．什么时候才是促成签单的理想时机？

____

____

____

6．签订合同时，签订双方易产生的利益分歧有哪些？

设计师日志

人物简介 | 杨栋，深圳市××公司主任设计师，毕业于江西环境工程职业学院工业与设计学院，中国建筑装饰协会室内分会CIID会员，国家注册室内设计师。
2020年荣获美式原味杯中国顶尖室内设计师精英赛华南赛区“十佳设计师”称号。
2021年荣获中国室内设计大赛东莞赛区“最佳创意奖”。

用服务赢得客户信任

张总是金地艺境水岸1栋王小姐家（已开工工地）的邻居。在收楼前期已经找好装饰公司，该装饰公司也做出了张总满意的设计方案，并且已经交付了一笔定金。碰巧张总的邻居王小姐正是选择了我们公司，而且房屋正在施工过程中，王小姐多次到工地现场去了解及跟进进度，对我们的设计师和施工团队都表示很满意，多次赞赏。

初次遇到张总是在跟工地的时候，他过来参观了我们的施工现场。对我们的施工工艺、工序存在很多疑问，当时我并不知道他已经确定了装修公司，非常积极、热情地给他进行讲解。在进一步沟通中，我了解到张总已经找到装修公司，但我仍是热情地与他分享隐蔽工程中一些需要注意的地方，告诉他每个工序的注意事项。整个过程非常顺利，张总与我相谈甚欢。临走的时候，张总突然主动表示自己装修工程还没有最后确认，只是做好了设计效果，对设计方案也比较满意。在获得这个信息后，我信心满满地对他说：“您也可以考感一下我们公司，我会让您了解及选择我们公司。”张总也表示愿意再了解了解。

表面上我很有信心，但毕竟客户已经提前一年确定好比较满意的设计方案了。对方装饰公司肯定和客户有较多交集，对客户的需要、要求等也更加了解。如何能在这种情况下把客户争取过来？这对我来说无疑是一个很大的挑战。如何才能将这个充满挑战的单子签下来呢？我想，能最大限度得到客户的信任才能挑战成功！

关键因素

1. 要让客户先了解公司

让客户通过了解来判断公司的报价到底是不是真贵了？贵在哪里？要让客户多方了解后才能定义是不是贵了。在与客户的聊天过程中，我得知客户是在大岭山上班，而且对方装饰公司还有恶意引导客户选择趋向。那么怎样才能消除客户心中对于公司存在的不利因素呢？正好我们的产业园也在附近，去产业园是最快、最全面了解我们公司的途径之一，所以我邀请客户去参观产业园。况且虽然客户已确定设计方案，但是施工、材料、售后服务等才是重中之重，特别是质量保障、贴心满意的售后服务等，通过产业园的讲解和参观，客户对公司一体化全案优势很震撼，也更有意向选择我们。

2. 抓住客户的心理

经过了解，知道客户对于工程质量的要求非常高，这个时候我们应该抓住客户“高要求”的心理。相对于其他的装修公司来说，也许工艺都大同小异，在这一节点上，我们公司的材料就特别有优势了。家装要求高的人都知道，我们公司的基础工程的材料都是厂家定制的，都有公司的标志，而且材料注重环保，在介绍工艺的过程中更加侧重向业主讲明材料的优势。特别是我们公司的透明排污管以及彩色透明线管的材料和工艺，在市场只有我们在做，并且做得非常好。客户对我们是非常认可的，这也让对方更加信赖我们。

3. 让同楼盘客户为公司和自己做宣传

想让张总选择我们，还是需要持续努力，让同楼盘客户主动帮我们宣传。张总的邻居（我们当时已开工的客户）王小姐对于我及我们的施工团队都非常满意，在她知道张总马上要装修的时候，她主动帮我约张总到她家去看，让我与张总有再一次的见面机会。在这个过程中，王小姐是真心觉得我们的东西好、各项服务好，所以才会一直向张总推荐我们公司。王小姐对公司的赞赏，无疑让张总更有信心把工程交给我们。最后，张总当场就决定与我们签工程合同。

总结与分析

日常工作中一定要做好服务，不管是已签约客户，还是在建工地，我们对客户多付出一些真诚与服务，做到让客户满意，愿意主动为我们的公司及设计师宣传。这种口碑相传的影响力对设计师及公司都能产生正面、积极的影响，能为我们带来源源不断的客流。

设计师要充分了解公司的核心优势，充分利用公司独特的材料和施工工艺，这对于促成签单有事半功倍的效果。

抓住客户心理，了解客户心里想什么，对哪里有顾虑，着重让其了解，直到对方打消顾虑。

05 第五章

客户关系维护与管理

教学目标

知识目标

1 了解客户关系维护的意义，掌握客户关系维护和管理的要点。
2 了解客户投诉的原因，掌握正确处理客户投诉的方法。

能力目标

1 能进行客户日常档案管理。
2 能开发潜在客户。
3 能处理一般性客户投诉。

素质目标

1 具有较好人格素养和学习能力。
2 能运用自己所学和掌握的知识及各种技能解决实际问题。

思政目标

1 引导大学生立足实际、脚踏实地做好工作，培养大学生成为敬业精神的践行者。
2 强化大学生的担当责任和意识，把青春奋斗融入党和人民事业，成为实现中华民族伟大复兴的先锋力量。

思维导图

客户关系维护与管理
客户关系管理的意义和内容
客户关系管理的意义
有利于挖掘客户关系价值
有利于更精准地锁定客户
有利于公司在客户群中建立品牌形象
有利于转介绍，创造更多利润
日常客户管理内容
客户档案管理
客户回访
开发潜在客户
潜在客户的管理
正确处理客户投诉
正确处理客户投诉的意义
维护客户的合法权益
维护公司的良好信誉
销售的另一种形式
常见投诉原因分析
客户方面
设计师方面
施工方面
客户投诉心理分析
发泄的心理
被尊重的心理
补救的心理
解决客户投诉的基本方法
倾听客户意见
记录投诉要点
判断客户投诉是否成立
确定投诉处理责任部门并查明原因
实现双赢
提出解决方案
跟踪服务

第一节
客户关系管理的意义和内容

他山之石

一个刚毕业不久的室内设计师，在短短几个月内签单量就高居公司前三。很多人请教他签单的秘诀。这位设计师说："在我们公司，我基本属于不起眼的那种。刚刚毕业，没有什么经验，有能力、有经验的前辈们比比皆是。我能够做的就是努力记住每一个客户的名字。只要是我接待的客户，我都会记录在我的客户档案中。只要客户能够第二次上门，我都能够准确叫出他们的名字，甚至说出他们上次来访的时间，以及装修的想法。这样不但方便我掌握客户的信息，同时还能够让顾客倍感亲切和受到尊重，进而信赖我，愿意和我签单。"

说出对方姓名是拉近与顾客距离的最简单、迅速的方法。记住姓名是交际的必要。

当然，不仅要记住客户的姓名和电话号码，还应该记住那些同行人员的姓名。

一、客户关系管理的意义

客户关系管理，是围绕客户群体进行组织、强化，让客户满意的行为，以及实施以客户为中心的服务流程，从而创造优化利润和客户满意度的商务战略。在室内设计中，对客户关系的维护与管理具有十分重要的现实意义。

1. 有利于挖掘客户关系价值

客户关系价值是指从客户关系中获得的价值。客户关系是指公司为达到其经营目标，主动与客户建立起的某种联系。这种联系可能是单纯的交易关系，也可能是通信联系，或是为客户提供一种特殊的接触机会，还可能是为双方利益而形成某种买卖合同或联盟关系。

客户关系具有多样性、差异性、持续性、竞争性、双赢性的特征。它不仅可以为交易提供方便，节约交易成本，还可以为公司深入理解客户的需求和交流双方信息提供许多机会。

2. 有利于更精准地锁定客户

从公司的长远利益出发，设计公司应与客户保持并发展长期关系，建立客户的满意度。公司可以更准确地发现客户的需求，并锁定客户，双方越是相互了解与信任，越容易签单成功，并可以节约时间和成本。

3. 有利于公司在客户群中建立品牌形象

客户关系的维护与管理，可以帮助公司和设计师更好地了解客户，给予客户更多关心和帮助，从而培养更多的忠诚客户。这样不仅可以促进签单，从而获得利润，更有利于在客户群中建立一个良好的品牌形象。

4. 有利于转介绍，创造更多利润

客户满意的另一个优点就是口碑的宣传效应，让客户成为你的“广告代言”，是省钱省力的事。客户的转介绍更容易促使谈单成功。

知识训练营

怎样拓展客户渠道，并初步建立客户关系？

____

____

____

二、日常客户管理内容

与客户进行日常的联系是基础，建立长久、友好的联系是要求，为你做转介绍是最终目的。其中，日常的客户管理主要包括：客户档案管理、客户回访、开发潜在客户。

（一）客户档案管理

1. 建立客户档案

客户原始记录，即有关客户的基础性资料，如地址、联系人、电话号码、邮箱、房型、家庭成员、工作单位、装修要求等。设计师要想办法让客户留下较详细的个人信息，信息越详细越好。

设计师每次与客户联系或服务的时间、地点、方式（如访问、打电话、邮件等），以及为争取和保持每个客户所做的其他努力都要记录。设计师要有自己的客户记录本。

对于客户主动提供的信息，包括客户对设计和服务的态度和评价、反映存在的问题以及投诉，都要记录在案，以便跟踪落实。

2. 对客户进行管理

在记录、收集客户信息的基础上对客户进行分类，建立客户消费模型。设计师要根据不同客户类别安排访问频率，以达到签单的最终目的。

客户的需求是变化的，只有通过双向的信息交流，才能更好地识别客户变化而产生的新需求。从本质上说，客户管理过程就是与客户交流信息的过程，实现有效的信息交流是建立和保持设计师与客户良好关系的途径。更为重要的是关注各类客户变化中的需求，可以针对各类终端客户家庭结构的变化、收入的变化、审美的变化等做出分析，依据分析结果，针对不同类别客户的不同需求进行有针对性的设计和服务。

客户反馈对于衡量公司承诺目标实现的程度、及时发现为客户服务过程中的问题等方面具有重要作用。投诉是客户反馈的主要途径，如何正确处理客户的意见和投诉，对于消除客户不满、维护客户利益、赢得客户信任都是十分重要的。

3. 与客户建立关系

为建立与保持客户的长期稳定关系，首先要取得客户的信任，要以专业水准及优质服务赢得客户的尊重，了解客户的喜好和需要，并采取适当行动，与客户联络感情，建立并保持客户的忠诚度。

只有树立为每一个客户服务一生的观念，才能在装修完成后仍然以适当的形式保持联系，让客户感受到真心实意的关怀，双方的关系就超越了买卖关系，而是互相尊重、相互关怀。

众所周知，争取新客户的成本要远远超过保留老客户及老客户的转介绍的成本。

（二）客户回访

客户回访是设计师进一步拉近与客户间距离的很好的方式，也是最便捷、最实用的客户管理办法，通常进行回访的方式是电话回访。

1. 客户回访的作用

（1）通过客户回访能够准确掌握每个客户的意见和反馈。

（2）了解客户的需求，便于提供更多、更优质的增值服务。

（3）便于发现自己工作中的不足，及时改进提高。

（4）提高客户满意度。

2. 客户回访中的注意事项

（1）调整好情绪，语气友好、自然，以便取得客户的信任，能让客户与你坦率地交流。

（2）对客户进行正面引导，让他们感受到我们设计的优势。

（3）给那些没有准备的客户一些时间，以便他们能记起细节。

（4）说话不要太快，不要中途打断客户的话。

（5）对客户的抱怨不争辩，并告知对方已做好记录，会尽快处理。

（6）提高应对突发状况的能力，面对客户提出的问题不要显得措手不及。

（7）做好简要又清楚的记录。

（三）开发潜在客户

客户就是市场，作为一名优秀的室内设计师，要确立“创造需求、引导消费”的战略思维，积极主动地发掘市场，开发客户的潜在需求。

开发潜在客户的方法很多，如资料查询法、客户推荐法、电话及微信营销法、视频营销法等。对于室内设计师而言，最有效的方法莫过于客户转介绍。

客户转介绍，就是让现有客户帮助介绍新客户，这是设计师开发客户的黄金法则。优秀的室内设计师常用客户转介绍获取许多新客户，这是他们业绩成倍增长的秘诀。

设计师实现客户转介绍的具体步骤如下：

（1）优质的服务获得现有客户。

（2）详细记录客户资料，建立客户关系档案。

（3）电话联系现有客户推荐的潜在客户，初步建立客户关系。

（4）定期电话跟进，拉近距离。

（5）必要时登门拜访，并送上产品资料或礼品。

（6）特殊日期，温馨问候。

（四）潜在客户的管理

优秀的设计师要懂得如何管理好潜在客户资源，既不要在永远无希望的客户身上浪费时间，更不要放过任何一个获得重要客户的机会。

设计师应根据紧迫性对潜在客户进行管理。紧迫性是指分析潜在客户可能在多长时间内做出签单决定。通常情况下，带了户型图并急需入住新房的潜在客户称为核心客户；接触几次，答应量房的潜在客户，称为准客户。设计师要在与潜在客户的沟通中甄别客户装修的急迫性，根据客户的不同类型，安排不同的拜访频次和深度，包括电话拜访和登门拜访。

制作《潜在客户资料卡》（表5-1），便于管理，主要有以下步骤：

（1）将每一个潜在客户的资料填入资料卡，同时编号、分类，根据紧迫性分成A、B、C级。

（2）每周至少整理资料卡两次，按照客户变动情况重新分类、分级。

（3）对A级客户的资料卡每天翻阅，对B级客户的资料卡每周翻阅，对C级客户的资料卡每月翻阅，并依照发展情况将C级提升为B级、A级。

表5-1　潜在客户资料卡

编号	姓名	电话	推荐人	等级	家庭住址
拜访记录					
备注					

知识训练营

1. 如何建立和完善客户管理记录本？

____

____

____

2. 模拟演练：有一位客户（女士）是离异单身，并独自抚养10岁孩子，有一定的经济实力。想装修一套200m^2的复式，预算大约60万元，对方对装修一无所知，只想花钱省事。作为设计师，你要如何取得她的信任？如何将她转为核心客户并签单？

____

____

____

第二节
正确处理客户投诉

客户是公司生存、发展的基础。一旦装修过程或者装修后出现问题，客户难免会投诉，作为设计师，一定要认真对待客户投诉。客户维护工作任重而道远，设计师要树立良好的态度，正确认识和妥善处理客户投诉，勇于承担责任，及时补救，赢得客户的信任，留住客户，建立牢固的客户关系。

一、正确处理客户投诉的意义

1. 维护客户的合法权益

客户消费，认为得到不公平、不合理的服务或买到不满意的商品，心情不好，进而进行投诉，这是合情、合理、合法的。为了维护客户的合法权益，必须认真对待。

2. 维护公司的良好信誉

一个好的公司最注重的是信誉，投诉即是对公司的信任产生了危机，正是公司挽回和维护自身利益的重大关口。因此，设计师必须拿出诚意，主动向客户道歉，并及时迅速地解决问题，这样才能真正挽回客户的信任，维护公司的信誉。

3. 销售的另一种形式

很多设计师惧怕客户投诉，担心受到负面影响，或者觉得客户是来找麻烦，总是冷面相对。这些想法和做法都是非常不可取的，实际上客户不辞辛苦来投诉，说明他虽然有不满的地方，但在某种程度上还是对公司抱有很大的期望。这时，只要公司能够正确对待，不惧怕、不嫌麻烦，将投诉看成销售中不可避免的流程，就可能让投诉客户变成忠诚客户。

二、常见投诉原因分析

常见的几种客户投诉如下：

1. 客户方面

有时客户对设计师的设计或服务缺乏了解而产生误会，从而造成无效投诉。公司对这样的投诉应该表现出极大的包容，尽量耐心地向客户进行解释，帮助客户解决实际问题，这样不仅使客户的问题得到了解决，而且还能培养高度忠诚的客户。

2. 设计师方面

有些客户很挑剔，在与第一个设计师初次谈单后要求换人，纯粹是因为太年轻、没经验或者不喜欢。也有些客户会在进一步谈单过程中要求换人，是不喜欢设计师的个性或者做事风格、设计理念等。如果设计师被客户投诉或者更换，首先要调整自己的心态，审视自身的问题。

3. 施工方面

装修施工前没有很好地与小区物业进行沟通，装修过程中没有预见可能出现的天气变化、节假日不允许施工等，施工用材、效果展现及可能出现的其他未能符合客户预期的问题，都会让客户心存不满。

三、客户投诉心理分析

1. 发泄的心理

客户不满，通常会带着怒气投诉，把自己的怨气、抱怨发泄出来。这样，客户忧郁或不快的心情可得到释放和缓解，以维持心理上的平衡。

2. 被尊重的心理

客户在接受服务过程中产生了挫折和不快，当他们进行投诉时，总感觉自己投诉是对的和有道理的，他们希望得到的是尊重和重视，并希望公司向其表示道歉和立即采取相应的措施。

3. 补救的心理

客户投诉的目的在于补救，包括财产上的补救和精神上的补救。

四、解决客户投诉的基本方法

1. 倾听客户意见

在处理客户投诉过程中，第一步是倾听客户的意见，让客户能够充分表达心中的不满。有些设计师在处理客户投诉时，往往还没有弄清楚客户抱怨什么，就开始与客户争吵，或者是挑剔客户的错误，强调自己或公司并没有错。这种处理客户投诉的方式不仅不能解决投诉问题，相反还会让客户更加不满，有可能形成无法挽回的后果。

大家可参考帮助平复情绪的一些小技巧：如通过深呼吸的方式来平复情绪，倾听过程及陈述中要始终保持笑容并放慢说话速度。

2. 记录投诉要点

使用客户投诉登记表，详细记录客户投诉的全部内容，如投诉人、投诉时间、投诉对象、投诉要求等。

3. 判断客户投诉是否成立

在了解客户投诉的内容后，要确定客户投诉的理由是否充分，判断投诉要求是否合理。如果投诉并不成立，就可以委婉答复客户，以取得客户的谅解，消除误会。

4. 确定投诉处理责任部门并查明原因

依据客户投诉的内容，确定相关的具体受理部门和负责人。施工问题，交工程部处理；日常业务问题，则由市场部处理。及时查明客户投诉的具体原因及造成客户投诉的具体责任人。

5. 实现双赢

站在客户的角度，想客户所想，急客户所急，理解客户，学会换位思考：如果我是客户，遇到这种情况，我会怎么样？

6. 提出解决方案

平息客户的不满与投诉，问题不在于谁对谁错，而在于双方如何沟通处理，解决客户的问题。对于客户投诉，要迅速作出应对，要针对客户所投诉的问题，提出应急方案；同时，提出杜绝类似事件再发生的处理方案，而不只是解决目前客户的投诉而草草了事。

7. 跟踪服务

解决客户投诉之后，还需要积极跟踪服务，以明确客户是否满意解决方案。如果还有不满，设计师仍然需要继续改进。接受投诉，平息怨气，澄清问题，探讨解决，采取行动，感谢客户。

遇到客户投诉，不是解决问题就结束，要把客户投诉作为衡量公司服务质量的一面镜子，作为总结经验、找出差距、提高服务质量的动力。对客户的每一次投诉和抱怨，都应该专门登记备案（《客户投诉记录表》见表5-2），并定期分析，检查产生客户投诉的原因，并从客户投诉中寻找到有价值的信息。

表5-2　客户投诉记录表

日期	客户姓名	联系电话	投诉内容	处理方式	跟踪反馈

设计师说

没有投诉是否意味着服务没有问题？

一些设计师（业务员）认为只要工程完成后，没有接到客户的投诉，就意味着客户对自己的设计和服务很满意，就可以高枕无忧了。实际上，只要不是太大的问题，大多数客户都会保持沉默，他们不会投诉，也不会找你解决问题，但是你也可能就失去了留住他们的机会。有些客户会将对设计师的各种不满告诉自己的朋友。因此，在施工完成后，要主动、适时与客户联系，询问施工效果如何，对设计和服务的满意度如何等。一旦发现客户不满意，就要立即采取补救措施。

知识训练营

1．如何实现客户的转介绍？

____

____

____

2．客户因为施工问题投诉，应该怎样处理？

____

____

____

设计师日志

个人简介 | 叶玲，高级室内设计师，中国室内装饰行业会员，CIID室内装饰协会会员，IFDA国际室内设计师协会注册高级设计师，2012年毕业于南昌大学，2012—2014年任专家设计师，2015—2019年任首席设计师，2020年至今任设计总监。

设计理念 | 以人为本，一切围绕人的生活、活动创造美好的居住空间。

签约客户的方式很多，并且每个人都有自己的方式，但总的来说还是有章可循的，现谈谈我的看法。

1. 建立客户的信任感

第一次见面，客户会对我们有很强的戒备心理，首先要让客户信任我们，与客户拉近距离，接下来的沟通就会变得容易。

我一般根据客户的年龄、穿着、职业初步判断其性格和需求，试探着跟客户谈论彼此都容易介入的话题，比如谈论最近的天气、最近热搜的新闻等来拉近彼此的距离，可以与带小孩来的客户谈论一些孩子的事情......，当然，所有话题的目的都是为了消除客户的戒备心理，让其放下心理负担，对我们产生信任。形式上不存在千篇一律，需要根据实际情况和经验来处理。

2. 侧面了解客户的装修投入，给客户做适合他的设计

通过跟客户的沟通，深挖客户的需求，了解客户的家庭结构，家庭的常住人口，未来5～10年可能会出现的情况最好都考虑进来；客户及其家人的生活习惯，兴趣爱好……新家入住后的动线规划都尽可能详细规划好。

在谈单过程中，我经常用情景代入法，让客户对新家充满期望，此时多用形容词，比如：说到厨房，我们可与客户谈谈做菜的动线顺序，让客户代入自己在厨房做菜的感觉；说到儿童房，除了功能外，可以谈谈小孩在新房的活动轨迹，也可以谈谈如何通过设计让小孩子享受到生活的温暖，更加热爱学习……交谈过程中，要时刻注意客户的一些微表情，也要注意时间，时间过长容易让客户产生疲劳。

3. 推销你自己以及公司

通过前面的交谈，让客户信任我们，认可我们的专业知识，我们要适时让客户也信任公司，主要从工程质量、公司团队服务、完美售后等方面详细讲解公司的整个流程。也可以带客户看落地的案例、之前成交客户的聊天记录、服务群等，让客户相信我们的落地能力。

以人为本，为客户营造温馨舒适的家

本案业主夫妻双方都是80后，有一个小孩，因为家人都是晋江本地人，父母都不会到他们的小家来生活，夫妻双方都是做生意的，各有各的生意，所以对家的要求是舒适、温馨，进家门就可以让人放松！

谈单过程：

第一次见面，根据跟客户探讨，知道客户新家常住人口不多，是个3口之家，对于5层别墅来说，空间是足够使用的。我们大胆地把客厅做一层，厨房、餐厅做一层，二楼用来做儿童房和客房，主卧用一层做了一个大套间。

设计师：对于-2楼是这样去规划的，日常进出基本都是从车库入户。因此，考虑从车库进来，就做了一个鞋帽间，回家就可以换鞋，包括放置包、车钥匙等随手物品。另外，在鞋帽间的旁边设计了一个储物间，主要放置平时不需要拿到楼上的一些东西，比如渔具、带孩子野炊或者去海边玩的一些玩具、平时人情往来的一些礼品之类等。

业　主：嗯，这样的规划还是不错的。另外，我想-2楼要个影音室，又想要个街舞室，不知道这样可以吗？

设计师：我们接着往下面讲。楼梯是紧邻电梯间的，可以考虑在楼梯踏步底下布置一些灯光，既能补充采光，又可以与顶面的吊顶相呼应，烘托整个归家的氛围。再往前面走，就可以把影音室和街舞室相结合起来考虑。前期可以先把音响设备和空调设备以及墙面、顶面的吸音功能做好，街舞室或者影音室对音响设备都有要求，先把硬装的水电位布置好，后期再把需要的家具布置进来。同样，在角落设计一个卫生间。您看这样布置可以吗？

业　主：-2楼这样布置是可以的，我是有点担心这个卫生间的排污问题，听其他业主说地下室是没有连接市政排污的，这一块你们是如何处理的呢？

设计师：别墅装修地下室都是没有连接市政排污系统的，只需要一个污水提升泵就可以解决这个问题了，把排水和排污的管道接入污水提升泵，污水提升泵会打碎排污然后接入1楼市政的排污系统中，解决您的后顾之忧。

业　主：那这个设备是什么时候要买的呀？

设计师：施工做完砌墙阶段，做水电的时候可以送到现场，安装好。这个设备有很多功能，您可以根据需求选择，建议您到卖设备的地方实地看。

业　主：嗯，好的。到时候我们去了解一下。那你再说说楼上的设计。

设计师：-1楼虽说是地下室，但实际跟一楼是一样的。地下室有个大花园，考虑到您居住的人口不多，也不需要过多的房间，所以我是考虑把您地下室一楼和入户的一楼打通，把客厅做挑空，将客厅和水吧区、泡茶区包括花园整个作为一个会客厅。这样有朋友来就都在这一层，喝茶、聊天，包括到花园烧烤，会客功能都设计在这一层了。

业　主：客厅做挑空一直是我纠结的地方，做了挑空大气，但是感觉又有点浪费空间了，这一块还是需要再斟酌一下。你接下来再讲讲楼上是如何设计的。

设计师：-1楼做了挑空的会客厅设计，一楼就做了厨房和餐厅的设计，为了可以走到阳台，我们把去阳台的过道做大一些，设计钢琴区，孩子可以在阳台这一层看看书，大人也可以陪伴孩子一起读书、练琴。做了挑空以后，餐厅和客厅的互动性也很好，在客厅玩耍的孩子，厨房的人可以转个身就能看到，如果把这两层都独立出来，上下的联动性就差了很多，都变成了独立的空间了。

业　主：这样说也是，这样整个公共区域就很大，我再看看楼上2层的设计。

设计师：再往上到2楼，我考虑到虽然您现在是3口之家，给您设计了一个客房，一个儿童房，还有一间多功能房。这样即使后面有二胎或者父母过年过节过来住，房间都是够用的。做了3个套间，保留了彼此的私密性。

业　主：2楼可以做3个套间啊？我之前是想着做两个套间的，本来是打算在-1楼做一间客房。如果用挑空的这个方案，房间是适合放在2楼了。

设计师：是啊，把房间放2楼，整个别墅也是动静分离了，楼下3层是公共区，楼上两层是睡眠区，就算平时有朋友过来玩，也不会打扰到楼上家人休息。

业　主：这样分析是对的，我再看看顶楼的设计。

设计师：顶楼我们是考虑整个一层做了个大套间，衣帽间、房间、书房兼起居厅，包括顶楼的露台。把原先的大露台一分为二，分了一小部分做生活阳台，大部分是主卧，所以可以在起居厅看电视和办公，房间睡眠区就只需要简单的床和床头柜了。

业　主：设计方案我是挺满意的，你们公司之前有做过别墅吗？在哪个小区呢？

设计师：我们在泉州的宝珊别墅区、五里的阳光城、保利东区都有在施工的别墅，随时可以带您过去现场看一下。

业　主：好的，到时候安排时间去看看。

所有的平面设计满意之后，在签约之前，客户会反复推敲设计师的方案，也会去市场上打听公司和设计师的情况，多方面了解公司的施工质量、服务流程以及报价合同细节。最终选择设计师，都是衡量了很久，且择优后的选择。

参考文献

[1] 张付花. 室内设计谈单技巧与表达 [M]. 北京：中国轻工业出版社，2017.
[2] 王东. 印象：室内设计师职业技能实训手册 [M]. 北京：人民邮电出版社，2015.
[3] 张付花，孙克亮. 室内设计签单术 [M]. 北京：中国轻工业出版社，2021.